Petro Klendiy
Mykola Zablodskiy
Galina Klendiy

Sistema energeticamente eficiente de transporte pneumático de materiais a granel

Petro Klendiy
Mykola Zablodskiy
Galina Klendiy

Sistema energeticamente eficiente de transporte pneumático de materiais a granel

ScienciaScripts

Imprint

Any brand names and product names mentioned in this book are subject to trademark, brand or patent protection and are trademarks or registered trademarks of their respective holders. The use of brand names, product names, common names, trade names, product descriptions etc. even without a particular marking in this work is in no way to be construed to mean that such names may be regarded as unrestricted in respect of trademark and brand protection legislation and could thus be used by anyone.

Cover image: www.ingimage.com

Este livro é uma tradução do original publicado sob ISBN 978-620-0-31819-0.

Publisher:
Sciencia Scripts
is a trademark of
International Book Market Service Ltd., member of OmniScriptum Publishing Group
17 Meldrum Street, Beau Bassin 71504, Mauritius
Printed at: see last page
ISBN: 978-620-3-26930-7

CONTEÚDO

INTRODUÇÃO

Uma das medidas técnicas progressivas na indústria dos moinhos de farinha é a implementação do transporte pneumático.

O transporte pneumático em comparação com o mecânico é um método mais perfeito de movimentação de grãos e produtos da sua moagem; abre uma nova etapa, mais elevada, no desenvolvimento da tecnologia de moagem de farinha, produção de granulados e misturas de forragens.

A substituição do transporte mecânico nos moinhos em funcionamento por pneumáticos mais progressivos, bem como a construção de novos moinhos em transporte pneumático permitem melhorar significativamente a utilização das áreas de produção, as condições de trabalho e a condução do processo tecnológico.

As vantagens do transporte pneumático crescerão antes da mecânica, como se fossem eliminadas seguindo as desvantagens mais importantes [1]:

-quando os moinhos de transferência em transporte pneumático, o consumo específico de energia por 1 tonelada de produto aumenta em alguns casos em 50% e mais percentagens.

-coeficientes de acção útil (eficaz) dos ventiladores de alta pressão não excedem 0, 5, e nos melhores análogos estrangeiros 0, 7;

- não são criados sistemas e construções automáticas adequadas para o controlo e controlo automático das instalações de transporte pneumático.

A experiência da exploração de unidades de transporte pneumático na indústria de moagem de farinha mostra que os seus índices energéticos em diferentes empresas variam muito. O consumo específico de electricidade nas empresas individuais excede a média da indústria de moagem de farinha um índice de 95 kWt.h / t. O consumo de electricidade apenas para o transporte pneumático varia entre 20 e 44 kWt. h / t. A quota de consumo de electricidade que é consumida pelas unidades de transporte pneumático, no consumo total de energia para a produção de 1 tonelada de farinha é de 21-37%. O coeficiente de acção útil das unidades de transporte pneumático das fábricas de moinhos de farinha não excede 10%, pelo que a redução do consumo de energia no transporte pneumático é um factor importante para aumentar a eficiência da produção nas fábricas de farinha - moinho.

Os indicadores gerais da intensidade energética das instalações de transporte pneumático são insuficientes para identificar formas de poupar electricidade com a utilização do transporte pneumático. Neste caso, são necessários dados sobre a estrutura do consumo de energia para os elementos individuais da instalação. Em geral, a potência hidráulica que desenvolveu a máquina sopradora, consome transportadores pneumáticos - até 90%. A redução da intensidade energética deste elemento da unidade adquire um significado especialmente importante. A principal condição para a redução do consumo de energia é a realização óptima em modos de transporte de energia dentro das verdadeiras gamas de carga prática, diâmetros e comprimento das condutas de material, característica para instalações de transporte pneumático de plantas de moagem de farinha. Os modos de análise do seu trabalho permitem reduzir as velocidades do ar de trabalho nas condutas de material para os valores mínimos admissíveis para assegurar a estabilidade do processo de movimentação de produtos.

No entanto, o trabalho com as velocidades mínimas de ar requer um ajuste mais preciso da unidade de transporte pneumático em modo racional adaptado. Assegurar o suficiente para o transporte de produtos velocidades de ar nas condutas de material, combinado com um colector comum quando se altera a carga nas mesmas é praticamente impossível sem dispositivos automáticos ou sem reservas significativas de velocidades no ajuste manual. Qualquer oscilação da carga em qualquer conduta de material altera a sua resistência hidráulica e leva à redistribuição do consumo de ar em outros transportadores pneumáticos. Durante o trabalho com as velocidades mínimas de ar (sem stock) a redistribuição dos custos pode causar uma violação da estabilidade do transporte (obstrução) em condutas de material separadas.

1. O ESTADO DE EMISSÃO E AS TAREFAS DE INVESTIGAÇÃO

1.1. Tecnologia de **transporte** pneumático de grãos e produtos da sua moagem

A história suficientemente detalhada do surgimento e desenvolvimento do transporte pneumático é descrita em [5]. De acordo com a referência histórica, um dos fundadores do transporte pneumático foi V. F. **Sturtevan**. Em 1866, ele desenvolveu as primeiras condutas para o transporte de materiais leves não abrasivos, tais como aparas de madeira, pó de serra que podia passar através do ventilador.

Aproximadamente ao mesmo tempo em 1890, F. E. Dukem construiu um protótipo não só de **carregadores de** grãos a vácuo modernos, mas também de **descargas de navios** modernos.

Um dos primeiros sistemas industriais de transporte de cimento foi montado em 1933, que consistia em duas fases. O comprimento total da via era de cerca de 1829 metros com uma produtividade de 54 ^{m3} / h. Nesses anos, nos Estados Unidos começaram a ser construídos outros sistemas semelhantes. Em geral, é de notar que os meados dos anos 30 se tornaram um ponto de viragem, quando a fiabilidade dos sistemas pneumáticos aumentou e expandiu a esfera da sua aplicação.

Actualmente, no nosso país e no estrangeiro, o transporte pneumático é cada vez mais utilizado em várias empresas, onde é necessário transportar cereais e produtos da sua moagem, areia, cimento, carvão, argila refractária e outros materiais. A produtividade dos dispositivos modernos de transporte pneumático atinge 300 t/h, a distância de transporte (uma instalação sem sobrecarga) até 2 km, altura de elevação do peso - até 100 m [6 - 11]. Isto determinou a utilização mais generalizada na indústria alimentar, construção, carvão, onde o seu peso específico em alguns casos atinge 70 ... 80%. No transporte pneumático é utilizado o efeito do gás de transporte sobre o movimento do material. O agente de transporte mais difundido é o ar.

A acção de transporte de gás sobre a circulação de material está dividida em directa e indirecta. A acção directa do transporte de gás é utilizada para o transporte pneumático de materiais no gasoduto. Aqui, a fuga de gás influencia directamente o material. A acção indirecta do transporte de gás é utilizada para o transporte de materiais em pó através **de um canal de** transporte pneumático. Neste caso, o gás finamente atomizado é empurrado através da camada de material de modo a quebrar o contacto mútuo das partículas do material. O atrito entre elas e nas paredes diminui de tal forma que o material em pó começa a comportar-se como um líquido e a força da gravidade é utilizada para o seu movimento. Consequentemente, o gás de transporte facilita o movimento do material, o que, em condições normais, seria praticamente impossível.

Para descrever os processos de transporte, cálculo, investigação e ajuste das instalações, utilizam-se as principais características do transporte pneumático, que se relacionam com o movimento de ar limpo e material de transporte [12, 13].

Às vantagens do transporte pneumático, que contribui para a expansão do âmbito da sua aplicação, pertencem: estanquidade do sistema; ausência de perdas de peso, consequentemente e prevenção da influência do ambiente externo sobre o peso; possibilidade de movimentar o peso ao longo de vias difíceis; facilita a conjugação de áreas horizontais, verticais e inclinadas; concentração do equipamento da máquina num único local e ausência de necessidade de manutenção técnica complexa em toda a via; a possibilidade, através da utilização de condutas ramificadas, de movimentar cargas de vários locais para um ou vice-versa de um local para poucos; a capacidade de combinar o processo de transporte com várias operações tecnológicas (secagem, arrefecimento, limpeza de impurezas, etc.).); permite uma mecanização e **automatização** completas dos trabalhos de carga e descarga com materiais soltos. Ao transportar muitos produtos químicos nocivos para a saúde, materiais perfumados, transporte pneumático criam as condições mais higiénicas e seguras para o pessoal de manutenção.

Às principais desvantagens do transporte pneumático pertencem o elevado consumo específico de energia, o desgaste intenso das condutas (especialmente em áreas rotativas) e outras partes da instalação que entram em colisão com o fluxo de peso.

As instalações de transporte pneumático por conduta podem ser construtivamente diferentes umas das outras, mas os elementos comuns são a máquina sopradora, a conduta, os dispositivos de carga de peso (alimentadores) para o sistema e a sua separação do ar, os aparelhos de controlo e de medição. [13 - 15].

A base de funcionamento de qualquer unidade de transporte pneumático é a presença de diferencial de pressão no início e no fim do gasoduto. Dependendo do método de criação do diferencial de pressão e da sua magnitude, as unidades de transporte pneumático são divididas em sucção, sobrealimentador e mistura (sucção - superalimentador), para os ajustes de baixa (até 5x103 Pa), média (de 5x103 a 10^4 Pa) e alta (acima de 10^4 Pa) pressão [16].

Uma das vantagens das unidades de transporte pneumático por sucção é a capacidade de remover material simultaneamente de vários locais. Excepto isto, uma vez que nas unidades de sucção a conduta de material está constantemente sob vácuo, os dispositivos de carregamento não criam pó e diferem pela simplicidade de construção. Nas unidades de aspiração (Fig. 1.1 a), o ar aspirado pela máquina sopradora do sistema, no qual a rarefacção é criada. Como resultado, o ar da atmosfera entra para o dispositivo de carregamento 1 e passa através da camada de peso ou do encontro no seu caminho do peso que está a entrar na tubagem, recolhendo-o e deslocando-o ao longo da tubagem de material 2 para o descarregador 3. A carga é emitida a partir dele com a ajuda do portão de eclusa e o ar entra no cabo aéreo 4.

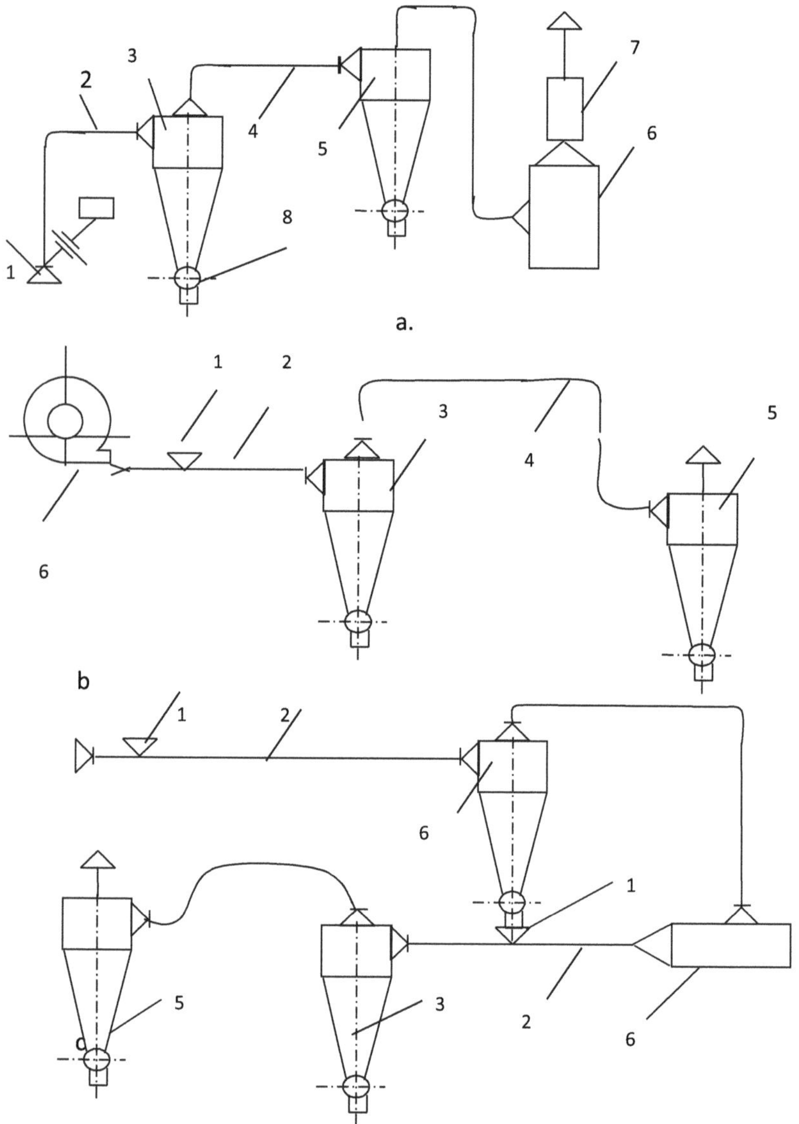

Fig. 1.1. Os esquemas das instalações de transporte pneumático:

a - sucção; b- sobrealimentador; c - sucção - sobrealimentador: 1 - dispositivo de carregamento; 2 - tubagem de material; 3 - descarregador; 4 - fio aéreo; 5 - separador de pó; 6 - máquina sopradora; 7 - amortecedor; 8 - comporta de bloqueio.

Passado o separador de pó 5, o ar é expelido pela máquina sopradora 6 através do amortecedor 7 para a atmosfera. Nestas instalações, é impossível criar um diferencial de pressão entre o início da tubagem de material e o tubo de sucção do ventilador de mais de uma atmosfera que é de comprimento limitado da via e tamanho da concentração da mistura. Praticamente as unidades de sucção trabalham em rarefacção, não mais do que 5×10^{4} Pa.

Em instalações de tipo super-carregador (fig. 1.1 b) a máquina sopradora está normalmente localizada na proximidade imediata do dispositivo de carregamento. A pressão do ar na tubagem do material é superior à atmosférica, sendo a sobrepressão no local de recepção do material a maior e nos locais de descarga a mais pequena. A principal vantagem das unidades de sobrealimentação é a possibilidade de criar por máquina sopradora uma quantidade teoricamente ilimitada de excesso de pressão.

Uma das desvantagens são as dificuldades de carregar material de transporte para a conduta de material, que se encontra sob pressão, uma vez que deve minimizar a perda de ar através do dispositivo nutritivo e o pó do material de carregamento.

As unidades de sucção-carregador (Fig. 1.1.) são normalmente utilizadas nestes casos quando é conveniente utilizar dispositivo receptor do tipo sucção e para a principal área de pista mais extensa é o princípio da **injecção**. Mas instalações deste tipo não podem ser utilizadas para o transporte de materiais que se formam com misturas explosivas de ar. A classificação das unidades de transporte pneumático é apresentada na Fig. 1.2.

Nas empresas de moagem de farinha são utilizadas unidades pneumáticas de sucção do tipo ramal. Uma vez que, de acordo com a tecnologia de processamento de grãos, é necessário que os grãos e o produto da sua moagem sejam alimentados simultaneamente no equipamento tecnológico correspondente a partir de vários locais. Assim como a movimentação de material que passa em curtas distâncias, o que não requer a criação de grande pressão e, consequentemente, equipamento complicado.

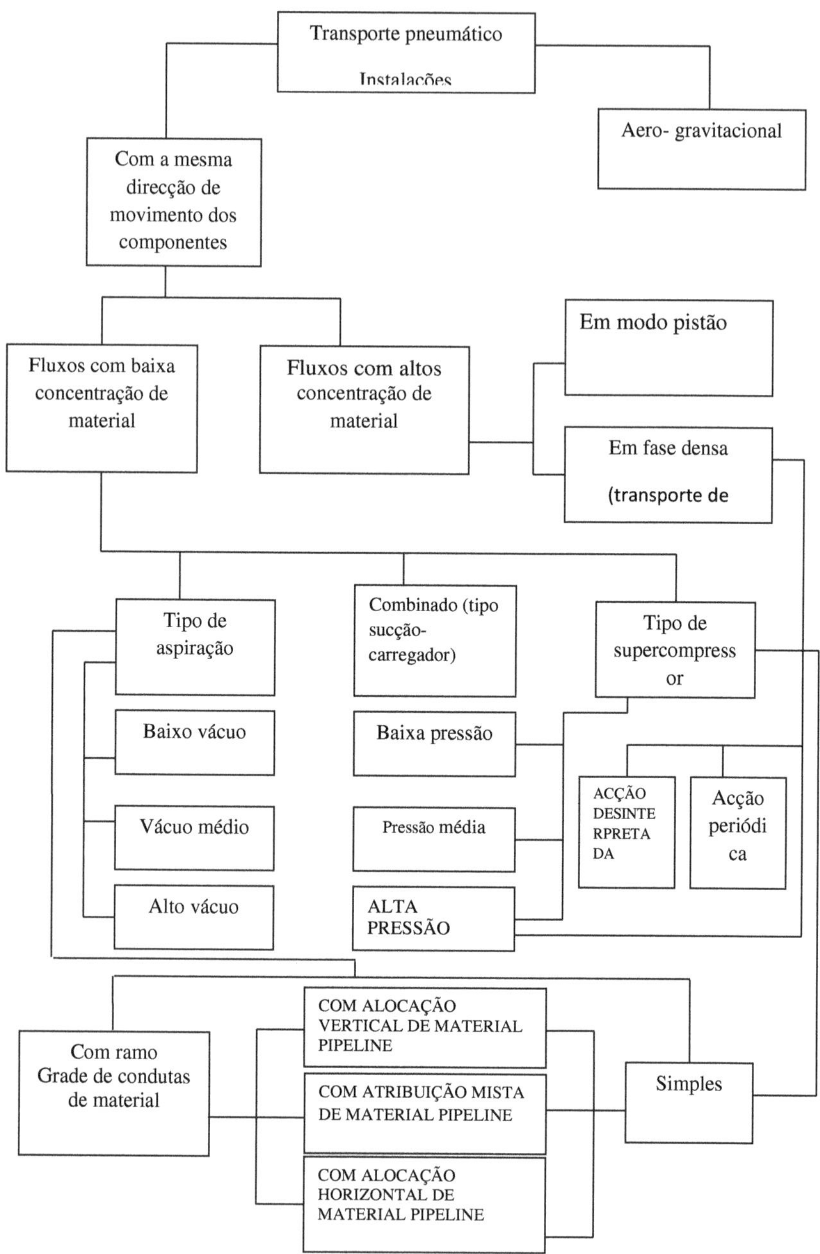

Fig. 1.2. Classificação das instalações de transporte pneumático.

10

Ao utilizar este tipo de instalações pneumáticas permite excluir a perda de grãos e produtos da sua moagem durante o transporte e dá a oportunidade de purificar passageiramente os grãos das impurezas com a ajuda de equipamento especial (separadores pneumáticos) e cria as condições sanitárias e higiénicas necessárias para o pessoal de manutenção.

No moinho do tipo R6-AVM-15 são utilizados dispositivos de transporte pneumático do tipo aspiração, o diagrama de fluxo do processo que é dado em (Fig. 1.3)

O ar aspirado pelo ventilador 1 do sistema em que é gerada rarefacção. Como resultado, o ar da atmosfera vai para os dispositivos de carregamento (tees) 15 e do bunker 10 é retirado do grão e dos produtos de dimensionamento da sua moagem. O ar apanha o material e transporta-o para condutas de material7 em **descarregadores13** e separadores pneumáticos 5.

No separador pneumático, o grão é limpo de impurezas, que diferem dele pelas propriedades aerodinâmicas.

A partir de descarregadores e separadores pneumáticos os grãos e produtos da sua moagem são fornecidos em equipamento tecnológico apropriado e o ar entra no colector 16. Passando pelo separador de pó (ciclone) 3, sistema de fio aéreo 2, o ar é lançado pela ventoinha 1 para a atmosfera.

A unidade de transporte pneumático do moinho é um sistema ramificado complexo. O modo de transporte em cada uma das tubagens do sistema depende das propriedades da fonte de pressão e carga nas outras tubagens.

A fim de assegurar o trabalho da unidade de transporte pneumático em regimes transitórios por projectos, espera-se o fornecimento de rarefacção em condutas separadas. A presença de tais stocks provoca um aumento do consumo de electricidade. A segunda característica das instalações pneumáticas de moagem de farinha é a transitoriedade dos processos transitórios.

A transição de um estado estacionário para outro passa dentro de uma fracção de segundo. Para assegurar o processo de transição em tubos pneumáticos, é necessário prever o stock de velocidade do ar no tubo pneumático.

Característica compatível da fonte de pressão e rede pneumática ramificada terá a forma de arroz. 1,4 apenas para o caso, quando todos os ramos pneumáticos têm modo de funcionamento nominal. Quando o modo se desviar do nominal pelo menos num ramo perturba o equilíbrio em todos os outros e em toda a rede pneumática. Por exemplo, quando se reduz a carga num dos tubos de material da rede pneumática, a característica deste tubo pneumático desloca-se para uma nova **posição equivalente (arroz.1.4, a).**

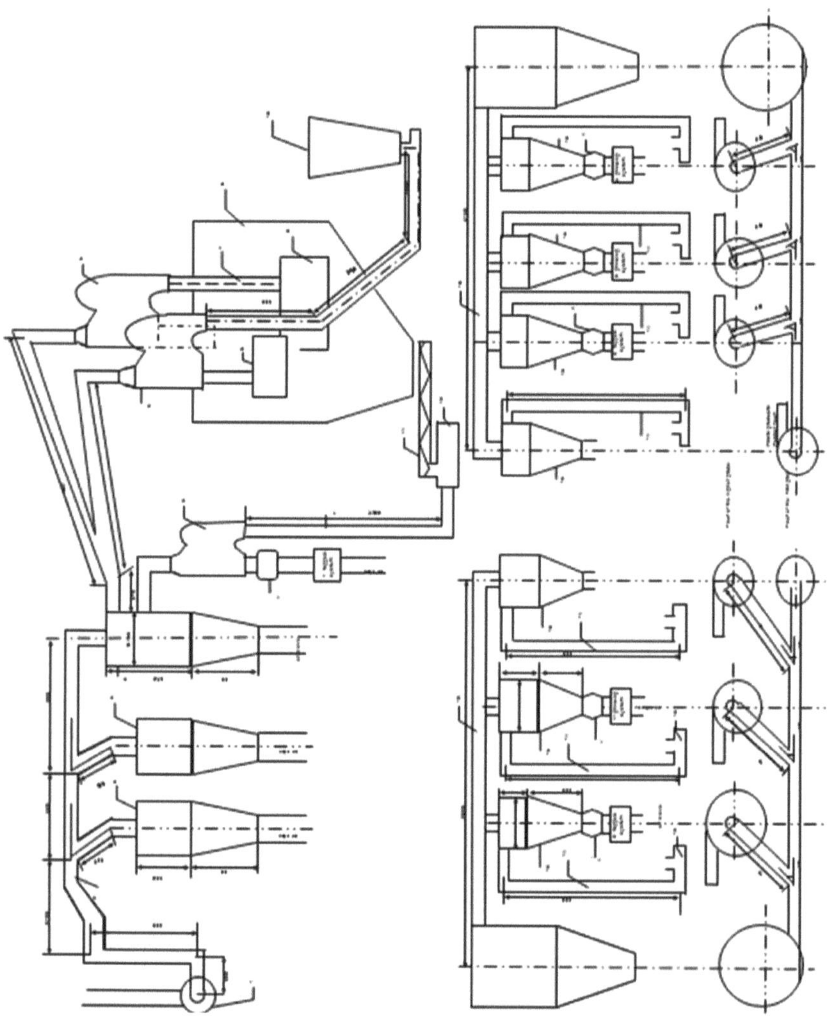

Fig 1.3. Transporte pneumático do fluxograma de processo do moinho

1 - máquina bblower, 2 - fio aéreo, 3 - ciclone, 4 - doseador 5 - separador a seco 6 - limpador de grãos, 7 - produto grão de oleoduto. 8 - **bunker de grão limpo,** 9 - máquina de enchimento rígido, 10 - bunker de grão, 11 - transporte de parafuso, 12 - máquina de enchimento mole, 13 - descarregador, 14 - produto de trituração de produtos pipeline, 15 - tee, 16 - comutador

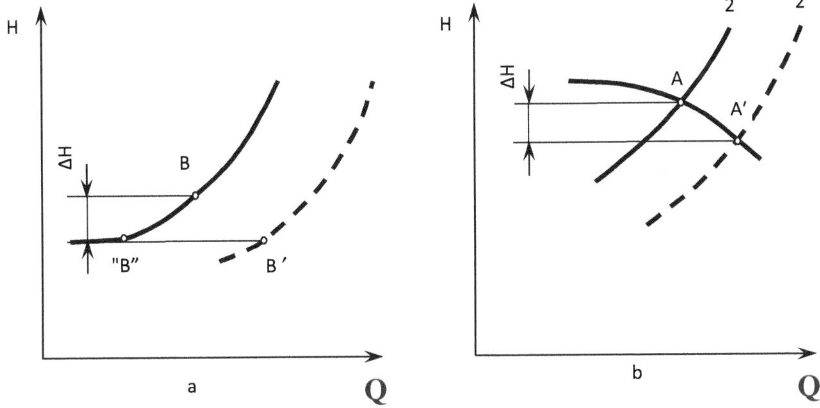

Fig. 1.4. Deslocamento de
características ao desvio de modo

 O consumo de ar na parte de ventilação da unidade irá aumentar, o que está a provocar o deslocamento da característica da unidade para a posição 2 '(Figura 1.4, b). O novo estado do sistema instalado será no ponto A '(rarefacção diminuiu em ΔH). Se o processo de transição nos modos de transporte nominais do sistema fosse determinado pelo ponto B (Figura 1.4, a), então no novo modo em tubo, onde a carga foi reduzida, o regime seria determinado pelo ponto 'B (aumento do consumo de ar). Noutras condutas, o consumo de ar diminuiu (ponto "B").

Do acima exposto resulta que a exploração normal (sem obstrução) da unidade de transporte pneumático ramificado não regulamentado só é possível em stock definitivo de pressão no colector, ou seja, em caso de gasto excessivo de ar e consequentemente de electricidade. Um aumento da carga em tubo separado provocará um deslocamento equivalente para cima de um determinado ramal e de toda a instalação pneumática. A pressão no colector irá aumentar em ΔH que, causando uma diminuição do consumo de ar na tubagem, onde a carga aumentou, e aumentando o consumo de ar noutras tubagens. Neste caso, é também impossível a exploração normal da instalação pneumática sem um determinado stock de consumo de ar.

Naturalmente, o alinhamento dos modos de operação de condutas de produtos separados por estrangulamento dos fluxos nos mesmos fios de produtos, especialmente em regimes dinâmicos, é mais apropriado em termos de redução do tempo de processos transitórios em desvios do modo estável e de estabelecimento de equilíbrio dinâmico e em termos de eficiência energética em comparação com estrangulamento no colector. Uma vez que a mudança de velocidade e o consequente aumento ou redução do consumo de ar associado a esta mudança na tubagem do produto causado pela mudança da sua produtividade, muda instantaneamente o dispositivo de estrangulamento da tubagem do produto através da inserção ou remoção de uma resistência adicional. Isto permite reduzir ou aumentar a velocidade do ar de modo a que o consumo de ar se mantenha aproximadamente no nível anterior. Em tais sistemas é necessária reserva de pressão extinguida por dispositivos de acelerador de tubagem de produto.

Quando a estrangulamento em condutas de produtos de instalação deve ter praticamente as mesmas reservas de pressão que durante o estrangulamento no colector e reservas um pouco menores de consumo de ar. Nos modos de transição, este último reduz o consumo de electricidade. No entanto, esta redução aplica-se apenas aos modos de transição (arranque, paragem do moinho, perturbações externas ou internas de curto prazo) e a poupança de energia é insignificante. Nos modos de funcionamento estático, tais sistemas por qualidade de controlo e consumo de energia não diferem muito do controlo de estrangulamento no colector.

Assim, a análise dos métodos de ajuste do consumo de ar e da pressão nas condutas de produtos mostra que a forma mais racional é regular a rotação da velocidade do ventilador e a sua produtividade, dependendo da rarefacção no colector. Ao mesmo tempo que se atinge os modos de trabalho mais racionais da unidade de transporte pneumático e o consumo mínimo de electricidade.

1.2. Modelos matemáticos de transporte pneumático de misturas

Uma contribuição significativa para a investigação teórica e experimental das propriedades aerodinâmicas dos materiais soltos feitos Bezruchkin [18, 19, 20] Blayess [21] Brener [22] Kemmer [23] Uspenskuy [24] Hastershtadt [25] e outros.

Estudaram as propriedades aerodinâmicas de peças de modelo único sob a forma de bola e grão, grãos individuais de diferentes culturas, partículas de diferentes materiais de várias formas.

A análise dos trabalhos sobre o estudo das propriedades aerodinâmicas das partículas de materiais **soltos**, incluindo grãos, mostra que o mesmo conceito sobre as propriedades aerodinâmicas das partículas é interpretado por muitos autores de forma diferente. Existem também diferentes fórmulas para determinar as propriedades aerodinâmicas das partículas que se propõem com base nestes conceitos, o que torna problemática a sua escolha para uma aplicação prática particular.

A maior quantidade de dados sobre as propriedades aerodinâmicas dos materiais de grão são publicados sobre o trigo. Mas estes dados mesmo para uma cultura têm discrepâncias que podem ser explicadas não só pela diferença no uso de vários métodos pelos investigadores, mas também pelo facto de cada variedade, tipo e subtipo da mesma cultura ter diferenças nas propriedades físicas e mecânicas, que dependem de muitos factores, incluindo as condições climáticas no cultivo da cultura, tempo e condições de colheita, condições de armazenamento, e assim por diante.

Material - os fluxos de ar representam sistemas em duas fases, cujo estudo se baseia em abordagens probabilísticas, fenomenológicas e estruturais-fenomenológicas. As abordagens indicadas são amplamente explicadas nas monografias de Zuyev e Horbys [16,26], nas quais se mostra, que para uma reflexão adequada dos fluxos bifásicos, a abordagem estrutural-fenomenológica mais apropriada. A sua realização na decisão de tarefas de descrição quantitativa de materiais - os fluxos de ar podem ser realizados utilizando um de três métodos básicos.

O primeiro destes é o método de descrição com a utilização da lei de poupança de energia, que foi utilizada pela primeira vez por Butakov [27] e Camaleão [28].

A segunda - utiliza uma abordagem dinâmica baseada na análise das equações da dinâmica do fluxo de ar, que foi inicialmente proposta por Horbis [26], e posteriormente desenvolvida por Logachov [29].

O terceiro método é o método de descrição empírica, baseado no processamento e análise de dados experimentais e utilizado em trabalhos de Platonov [30], Serenko [31], Kamyshenko [32], e outros.

A força de acção do fluxo de ar sobre a partícula sólida nela colocada em geral pode ser expressa em dependência [33]:

$$P = fF_1\rho(\upsilon-u)^2 + C_x F_\text{м}\rho\frac{(\upsilon-u)^2}{2}, \qquad (1.1)$$

Onde: f - coeficiente de fricção do fluxo de ar em partícula;

F1- é o valor da fricção superficial;

υ - velocidade do fluxo de ar;

u - velocidade da partícula;

Cx - coeficiente de resistência aerodinâmica;

F_M - a área da secção média da partícula;

ρ- densidade do ar.

O primeiro membro da equação (1.1) expressa a força que actua sobre a partícula do lado do fluxo de ar e que é igual à força de atrito no ar; o segundo determina a perda de energia cinética do agente de transporte, que vai para superar a inércia do corpo.

A baixas velocidades de fluxo de ar (modo laminar), o primeiro membro da equação (1.1) tem valor predominante em comparação com o segundo. O transporte pneumático é efectuado em modo turbulento desenvolvido de fluxo de ar, quando o Reynolds número $\text{Re} = \dfrac{d\upsilon}{v} = 104\ {}^{106}\div$ (d - é a dimensão característica da partícula, v- a viscosidade cinemática do ar). Neste caso, o significado predominante tem o segundo termo da equação (1.1) e, negligenciando pelo valor do primeiro, obteremos que

$$P = C_x F_\text{м}\rho\frac{(\upsilon-u)^2}{2}. \qquad (1.2)$$

A equação (1.2) expressa a força de resistência da partícula durante o seu movimento no fluxo de ar e é um equalizador de todos os componentes das forças normais e tangenciais, actuando na superfície da partícula na direcção do fluxo relativo; esta força é chamada força de resistência aerodinâmica.

Quando a partícula se move no fluxo ascendente do ar, então a força da gravidade e a força da resistência actuarão sobre ela. A equação do movimento da partícula num fluxo ascendente será escrita como:

$$m\frac{du}{dt} = C_x F_{\mu} \frac{\rho(\upsilon - u)^2}{2} - mg . \tag{1.3}$$

A partícula subirá para cima e $\frac{du}{dt}$ >se a força de resistência for maior que a força da gravidade for P **mg**>; a partícula desce $\frac{du}{dt}$ <a P **mg**<. A partícula move-se com velocidade constante ou a sua velocidade é igual a zero, ou seja $\frac{du}{dt} = 0$, se a força de resistência do fluxo aéreo equilibrar a força da gravidade. Então a equação (1,3) terá a forma:

$$C_x F_{\mu} \frac{\rho \upsilon_{susp}^2}{2} - mg = 0 . \tag{1.4}$$

A velocidade relativa do ar em que a partícula está em estado de "suspensão" perto de alguma posição ou se move uniformemente em fluxo vertical ascendente é chamada a velocidade de suspensão. A partir da equação (1.4), obteremos:

$$\upsilon_{susp} = \sqrt{\frac{2mg}{C_x F_{\mu} \rho}} . \tag{1.5}$$

Uma característica aerodinâmica importante do material **solto** é a velocidade de suspensão. Sabendo que pode escolher a velocidade aerodinâmica óptima durante o transporte.

Determinando a partir da equação (1,4) o valor do coeficiente Cx e substituindo-o na equação (1,3), reescreveremos a equação do movimento das partículas na forma:

$$\upsilon susp = \sqrt{\frac{2mg}{C_x F_{\mu} \rho}} . \tag{1.5}$$

A solução desta equação relativa à velocidade das partículas nas condições iniciais u = uin e tin = 0 será a expressão:

$$u = \upsilon - \upsilon_{susp} \frac{K_0 \exp\frac{2gt}{\upsilon_{susp}} - 1}{K_0 \exp\frac{2gt}{\upsilon_{susp}} + 1} . \tag{1.7}$$

onde: $K_0 = \dfrac{\upsilon_{susp} - u_{in} + \upsilon}{\upsilon_{susp} + u_{in} - \upsilon}$

A análise da equação (1,7) mostra que a velocidade das partículas em fluxo turbulento vertical depende das suas propriedades aerodinâmicas, do tempo de permanência das partículas no fluxo de ar e da velocidade **média** do fluxo de ar. O limite de velocidade das partículas será a diferença entre a velocidade do ar e a velocidade da suspensão:

$$\lim_{t \to \infty} u = \upsilon - \upsilon_{susp} \qquad (1.8)$$

A equação do movimento da partícula na conduta horizontal de material tem forma

$$m\frac{du}{dt} = C_x F_{_M} \frac{\rho(\upsilon - u)^2}{2} \qquad (1.9)$$

Substituindo em equação (1,9) o valor Cx da equação (1,4) e resolvendo-o em relação a u, obteremos:

$$u = \upsilon - \frac{(\upsilon - u_{in})\upsilon_{susp}^2}{gt(\upsilon - u_{in}) + \upsilon_{susp}^2} \quad (1.10)$$

Da equação (1.10) é evidente que com o tempo crescente de presença de partículas no material pipeline, a sua velocidade aumenta e vai até ao limite:

$$\lim_{t \to \infty} u = \upsilon . \qquad (1.11)$$

Para descrever o fluxo de dois componentes, utilizamos equações de movimento de fluxo nas **tensões,** que podem ser escritas em forma vectorial para o caso do fluxo viscoso [16]:

$$\overline{\rho}_s \left(\frac{\partial \overline{\upsilon}}{\partial t} + \overline{\upsilon} grad\,\overline{\upsilon}\right) + \overline{\rho}_{Ts} \left(\frac{\partial \overline{u}}{\partial t} + \overline{u} grad\,\overline{u}\right) = div\,\overline{p}_{ij} + div\,\overline{p}_{Tij} + \overline{\rho}_s g + \overline{\rho}_{Ts} g \quad (1.12)$$

Onde :   - força $\overline{\rho}_s \left(\frac{\partial \overline{\upsilon}}{\partial t} + \overline{\upsilon} grad\,\overline{\upsilon}\right)$ **inercial** do agente de transporte;

$\overline{\rho}_{Ts} \left(\frac{\partial \overline{u}}{\partial t} + \overline{u} grad\,\overline{u}\right)$ -força inercial de componente sólido;

$\overline{p}_{ij}, \overline{p}_{Tij}$ - tensores de tensão de transporte e componentes sólidos;

$\overline{\rho}_s g, \overline{\rho}_{Ts} g$ - forças de peso;

$\overline{v}, \overline{u}$ -vectores de velocidades médias locais de agente de transporte e componente sólido.

As equações de continuidade serão escritas como:

para agente de transporte

$$\frac{\partial \overline{\rho}_i}{\partial t} + div\,\overline{\rho}_s \overline{v} = 0 \quad (1.13)$$

para componente sólido

$$\frac{\partial \overline{\rho}_{Ts}}{\partial t} + div\,\overline{\rho}_{Ts} \overline{u} = 0 \qquad (1.14)$$

Uma vez que o sistema (1.12) - (1.13) contém mais o número de equações desconhecidas, é aconselhável escrever a equação do movimento para cada componente separadamente.

A equação do movimento do agente de transporte pode ser escrita:

$$\overline{\rho}_s \left[\frac{\partial \overline{v}}{\partial t} + \overline{v}\,grad\overline{v} \right] = div\,\overline{p}\overline{p}_{ij} + \overline{\rho}_s g - \overline{n}_T \overline{F} \qquad (1.15)$$

Onde: $\overline{n}_T$ - número médio **local** de partículas por unidade de volume;

$\overline{F}$-força de interacção entre agente de transporte e partícula de componente sólido.

Na equação (1.12) as forças de interacção estão ausentes, pois para o fluxo em geral, são internas.

Para agente de transporte sob algumas hipóteses pode considerar-se que o tensor $\overline{p}_{ij}$ tem forma de tensão do fluido Newtoniano's, ou seja, [16]:

$$\overline{p}_{ij} = \left[-\overline{p} + (\lambda' - \frac{2}{3}\mu_e)\overline{\Theta} \right]\delta_{ij} + 2\mu_e \overline{\varepsilon}_{ij} \qquad (1.16)$$

Onde: $\overline{p}$-pressão **local** média no ponto;

λ' -o segundo coeficiente de viscosidade;

$\overline{\Theta}$-velocidade da deformação do volume;

$\overline{\varepsilon}_{ij}$- tensor de velocidades de deformação;

δ_{ij} - Kronecker's símbolo.

Se, $\overline{\rho}_s = const$, esse agente de transporte não estiver apertado, então o valor da velocidade de deformação do volume:

$$\overline{\Theta} = \frac{\partial \overline{\upsilon}_x}{\partial x} + \frac{\partial \overline{\upsilon}_y}{\partial y} + \frac{\partial \overline{\upsilon}_z}{\partial z} = 0 \qquad (1.17)$$

e o aparecimento do tensor de tensão será:

$$\overline{p}_{ij} = -\overline{p}\delta_{ij} + 2\mu_e \overline{\varepsilon}_{ij} \qquad (1.18)$$

Subtrair algébricamente a equação (1,15) da equação (1,12) e obter a equação do movimento da componente sólida [16]:

$$\overline{\rho}_{Ts}\left[\frac{\partial \overline{u}}{\partial t} + \overline{u} grad\overline{u}\right] = div\overline{p}_{Tij} + \overline{\rho}_{Ts} g - \overline{n}_T \overline{F} \qquad (1.19)$$

Na prática, o transporte pneumático utiliza normalmente fluxos de dois componentes com turbulência altamente desenvolvida. Para tais fluxos, alguns parâmetros de média espacial que caracterizam o movimento não são suficientes e é necessário efectuar uma média espaço-temporal. Então a equação do movimento médio de fluxos turbulentos de dois componentes terá forma [16]:

$$\overline{\rho}_s(\frac{\partial \overline{\upsilon}}{\partial t} + \overline{\upsilon} grad\overline{\upsilon}) + \overline{\rho}_{Ts}(\frac{\partial \overline{u}}{\partial t} + \overline{u} grad\overline{u}) =$$
$$div\overline{p}_{ij} + div\overline{p}_{Tij} + \overline{\rho}_s g + \overline{\rho}_{Ts} g - div\overline{\Pi}_{ij} - div\overline{\Pi}_{Tij} \qquad (1.20)$$

e equação da continuidade do fluxo:

$$\left.\begin{array}{l} \dfrac{\partial \overline{\rho}_s}{\partial t} + div(\overline{\rho}_s \overline{\upsilon}) = 0 \\[2mm] \dfrac{\partial \overline{\rho}_{Ts}}{\partial t} + div(\overline{\rho}_{Ts} \overline{u}) = 0 \end{array}\right\} \qquad (1.21)$$

Onde: e $\overline{\Pi}_{ij}$ $\overline{\Pi}_{Tij}$ -**tensores** de pulsações médias de tensões de agente de transporte e de componente sólido em fluxo turbulento.

Os tensores de pulsações de tensão serão vistos como:

$$\overline{\Pi}_{ij} = \overline{\rho}_s \overline{\dot{v}_i \dot{v}_j}, \quad \overline{\Pi}_{Tij} = \overline{\rho}_{Ts} \overline{\dot{u}_i \dot{u}_j}$$

Onde: $\dot{v}_i, \dot{v}_j, \dot{u}_i, \dot{u}_j$ - componentes de pulsações de velocidades.

A equação do movimento do agente de transporte com a tomada em consideração das forças de resistência das partículas sólidas pode ser escrita como [16]:

$$\overline{\rho}_s \left[\frac{\partial \overline{v}}{\partial t} + \overline{v} \, grad\,\overline{v} \right] = div\,\overline{p}_{ij} + \overline{\rho}_s g - \overline{n}_T \overline{F} - div\,\overline{\Pi}_{ij} \qquad (1.22)$$

Subtraindo a equação (1,22) da equação (1,20), obteremos a equação da componente sólida

$$\overline{\rho}_{Ts} \left[\frac{\partial \overline{u}}{\partial t} + \overline{u} \, grad\,\overline{u} \right] = div\,\overline{p}_{Tij} + \overline{\rho}_{Ts} g - \overline{n}_T \overline{F} - div\,\overline{\Pi}_{Tij} \qquad (1.23)$$

Equações (1,20) - (1,23) podem ser utilizadas para o fluxo de dois componentes de qualquer concentração.

Ao estudar os fluxos de transporte pneumático, é utilizado o conceito de concentração. Tendo em conta que, $\mu_\partial = \dfrac{\overline{\rho}_{Ts}}{\overline{\rho}_s} = \dfrac{(1-\overline{\varepsilon})}{\overline{\varepsilon}\rho_s}$ escrevemos equações (1,22) e (1,23) para fluxos de dois componentes com baixa concentração de partículas sólidas: a equação do movimento do agente de transporte

$$\frac{\partial \overline{v}}{\partial t} + \overline{v} \, grad\,\overline{v} = \frac{1}{\overline{\rho}_s} div\,\overline{p}_{ij} + g - \frac{1}{\overline{\rho}_s} div\,\overline{\Pi}_{ij} - \frac{1}{\overline{\rho}_s} \overline{n}_T \overline{F} \quad (1.24)$$

equação do movimento da componente sólida

$$\overline{\mu}_\partial \left(\frac{\partial \overline{u}}{\partial t} + \overline{u} \, grad\,\overline{u} \right) = \overline{\mu}_\partial g - \frac{1}{\overline{\rho}_s} div\,\overline{\Pi}_{Tij} + \frac{1}{\overline{\rho}_s} \overline{n}_T \overline{F} \quad (1.25)$$

equação de continuidade do fluxo

$$\frac{\partial \rho_s}{\partial t} + div(\overline{\rho}_s \overline{v}) = 0; \quad \frac{\partial \mu_\partial}{\partial t} + div(\mu_\partial \overline{u}) = 0. \qquad (1.26)$$

As equações (1,24) - (1,26) são casos parciais de equações de movimento médio e continuidade de fluxo turbulento de dois componentes.

A perda de pressão na tubagem de material depende da velocidade do ar nela contido.

A perda de pressão na subida é determinada a partir da condição de igualdade da força de gravidade da coluna de material que continha o material transportado para a área da secção transversal da tubagem de material. Se a segunda produtividade de instalação for multiplicada pelo tempo de **permanência do** material na conduta de material, então obteremos o valor da força da gravidade do material, ou seja:

$$P_\Delta = q\Delta t = \mu\rho \upsilon F \frac{L}{\int\limits_0^L \frac{u(x)dx}{L}} \tag{1.27}$$

ONDE q -productividade do material pipeline em kg / s;

Δt - tempo de permanência do material em material pipeline, s;

μ -concentração da **mistura de aviões**, kg / kg;

ρ - peso específico do ar, kg / ^{m3};

F - área transversal de material pipeline, ^{m2};

L - comprimento do material pipeline, m;

e a perda de pressão no seu aumento será:

$$H = \mu\rho\upsilon \frac{L^2}{\int\limits_0^L u(x)dx} \tag{1.28}$$

Com base no critério das equações, a perda de pressão sobre o aumento do material será:

$$H = Eu_{in}\rho\upsilon^2 = Eu_{in}\left(\text{Re}, \text{Re}_{susp}, Fr, \frac{\rho}{\rho_s}, \frac{D}{d_e}, \mu, \frac{L}{D}, k_p\right)\frac{\rho\upsilon^2}{2} \tag{1.29}$$

Onde : Eu -número de Euler;

Fr - número de Fruid;

D -diametro de material pipeline, m;

$_{De}$ - diâmetro de partícula equivalente, m;

$_{\rho T}$ - densidade do componente sólido, kg / ^{m3}.

Obviamente, é necessário excluir os kp do número de variáveis independentes, uma vez que o seu valor não influencia a perda de pressão. A equação (1,29) será parecida:

$$H = Eu_{in}\rho v^2 = Eu_{in}(\mathrm{Re},\mathrm{Re}_{susp},,\frac{\rho}{\rho_s},\frac{D}{d_e})\mu, Fr, \frac{L}{D}, \frac{\rho v^2}{2} \tag{1.30}$$

Comparando equação (1,30) com equação (1,28), obteremos:

$$\frac{v}{u_m} = \frac{v}{u_m}(\mathrm{Re},\mathrm{Re}_{susp},\frac{\rho}{\rho_s},\frac{D}{D_e}). \tag{1.31}$$

Assim, a expressão para a perda de pressão no aumento de material tem uma dependência funcional complexa. Ao processar dados experimentais, a quantidade de perda de pressão na tubagem vertical do material pode ser determinada por expressão:

$$H = \rho\mu L \tag{1.32}$$

Mas em expressão (1,32) é necessário substituir não a concentração de despesas μ, mas sim a média (para toda a duração do transporte) da concentração real

$$\mu_a = \mu\frac{v}{u_m} \tag{1.33}$$

É muito mais caro, uma vez que a velocidade do ar é maior do que a velocidade das partes do material. Assim, a perda de pressão no aumento do material é determinada pela expressão:

$$H = \rho\mu\frac{v}{u_m}L = \rho\mu\frac{v}{v - v_{susp}}L \tag{1.34}$$

O valor da perda de pressão na subida do produto, definido por expressão (1,34) é ainda mais real, depois mais alto do que a altura da sua recuperação.

Com base em dados experimentais, foram construídas dependências de perda de pressão no transporte de trigo em condutas verticais de material da velocidade do fluxo aéreo e concentração da mistura aérea, que são mostradas na Fig. 1.5 e no arroz. 1.6 [16]. A análise dos gráficos mostra que com o aumento da velocidade do fluxo de ar e da concentração de mistura de ar, a perda de pressão aumenta. Nas concentrações de aeromistura, $\mu <$, 5, a dependência é linear, e com $\mu \geq 5$ para modos de operação de transporte pneumático a condição de proporcionalidade directa entre a quantidade de perda de pressão e a concentração de aeromistura não é observada.

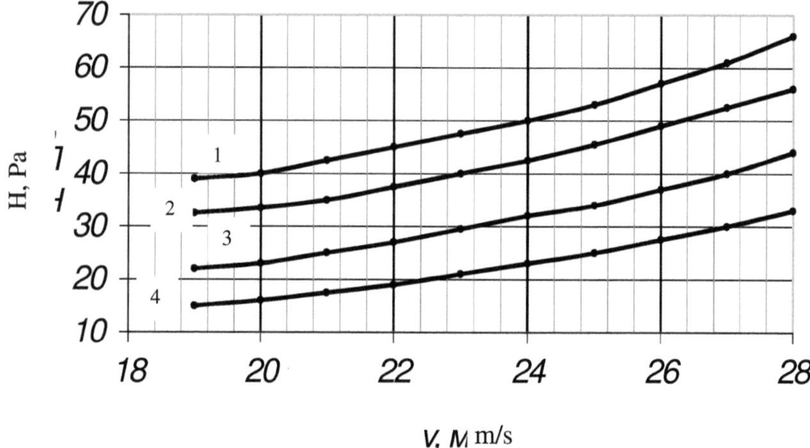

Fig 1.5. Dependência da perda de pressão no transporte de trigo em condutas verticais de material da velocidade do fluxo aéreo.

1-μ = 2,8 kg/kg; 2-μ = 2,3 kg/kg; 3-μ = 1,6 kg/kg; 4-μ = 1,0 kg/kg.

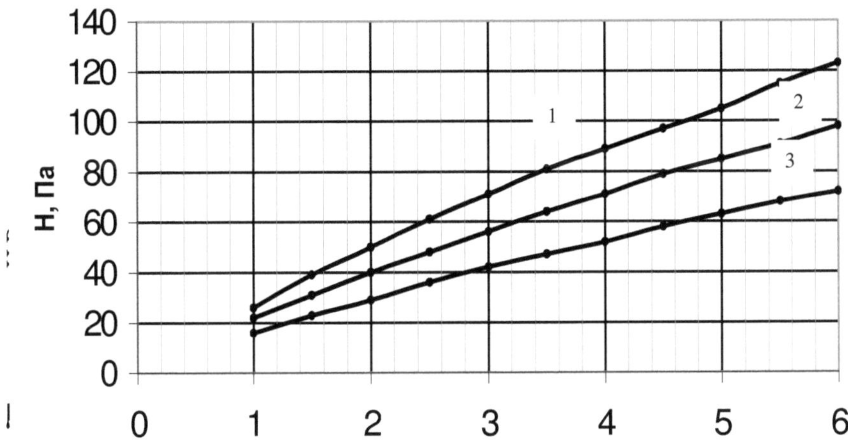

Fig1.6. Dependência da perda de pressão no transporte de material (trigo) em condutas verticais de material com D = 0,124 m da concentração. 1 -v = 28m / s; 2-v = 24m / s; 3-v = 20m / s.

Tendo em conta a concepção dos ramos pneumáticos, que consistem em condutas de material e equipamento tecnológico (receptores pneumáticos, descarregadores e curvas), a perda total de pressão no ramo pneumático, será determinada pela fórmula [17]:

$$H_t = H_p + H_{l.s} \ ,$$
(1.35)

Onde: Hp - perda de pressão na parte rectilínea do ramo pneumático, Pa;

Hl.s - perda de pressão nos apoios locais, Pa.

A perda de pressão na parte rectilínea do ramo pneumático é determinada pela expressão [17]:

$$H_p = H_o + H'_{_M} \ , \quad (1.36)$$

Onde: Ho - perda de pressão no transporte de ar limpo, Pa;

Hm - perda de pressão no transporte de material, Pa.

A perda de pressão no movimento do ar é determinada pela equação de Darcy-Weisbach

$$H_o = \lambda \frac{L\rho v^2}{D2g},$$ (1.37)

Onde: λ - coeficiente de resistência, que depende da construção da tubagem

A perda de pressão no transporte de material é determinada pela fórmula [17]:

$$H_m^{'} = H_p + H_{mm} + H_m \ , \ (1 \qquad)$$

Hp- perda de pressão na aceleração do material, Pa;

Hmm - perda de pressão na manutenção do material em estado ponderado, Pa;

$_{Hm}$ - perda de pressão para travagem de passagem de material em condutas de material; Pa

$$H_m = \frac{1.25 G v_{M}}{gF},$$ (1.39)

$$H_{mm} = \frac{GL}{F v_{M}},$$ (1.40)

$$H_m = \lambda_{M} \frac{LG v_{M}}{DFg}.$$ (1.41)

A perda de pressão nos apoios locais é determinada pela expressão [17]:

$$H_{l.s} = H_{pr.} + H_{dis.} + H_t + H_{ds.},$$ (1.42)

Onde: $Hl_{.s}$ - perda de pressão no receptor pneumático, Pa;

Hdis - perda de pressão no descarregador, Pa;

Ht - perda de pressão na curva, Pa;

Hds - perda de pressão na parcela entre o descarregador e o colector, Pa.

Todas as perdas locais são calculadas de acordo com a fórmula $\xi \ \frac{\rho v^2}{2g}$

onde ξ - é o coeficiente de resistência correspondente $_{(\xi dis. , \ \xi pr. , \ \xi t. , \ \xi dc.)}$, conduzida ao diâmetro do material canalizado.

Assim, a perda de pressão no ramo pneumático tendo em conta as expressões (1,36 - 1,42) será determinada pela expressão:

$$H_p = 0.0013\frac{Lv^{1.75}}{D^{1.25}} + \frac{1.25Gv_{_M}}{gF} + \frac{GL}{Fv_{_M}} + 0.0037\frac{LGv_{_M}}{DFg} +$$
$$+ (\xi_{dis} + \xi_{pr} + \xi_t + \xi_{dc})\frac{\rho v^2}{2g} \qquad (1.43)$$

O movimento de velocidade do material $_{vM}$ está ligado à velocidade do ar v por dependência experimental [17]

$$v_{_M} = K_1 K_2 v, \qquad (1.44)$$

$$\text{Onde: } K_1 = 0.18\frac{G^{0.067}}{D^{0.317}} ; \qquad (1.45)$$

$$K_2 = \frac{L^{0.25}}{v_{susp}^{0.2}} . \qquad (1.46)$$

1.3. Métodos e meios técnicos para controlar a velocidade do ar em condutas de produtos pneumáticos.

Investigadores conduzidos por instituições científicas líderes no campo do processamento de cereais mostraram a possibilidade de reduzir a intensidade energética das instalações pneumáticas das empresas de moagem de farinha através da alteração dos modos de funcionamento das condutas de produtos. A realização destes modos é levada a cabo por sistemas de regulação automática.

Assim, o estudo do trabalho das instalações de transporte pneumático mostrou que o movimento de produtos em condutas de material passa mais frequentemente em velocidades de fluxo aéreo, muito mais do que o mínimo exigido em condições de transporte sustentável. Esta é a principal razão para o aumento do consumo de electricidade na operação de unidades de transporte pneumático.

Dados estimados [2] mostram que nos sistemas de transporte pneumático é possível reduzir o consumo de energia em 20-40%, se se utilizarem condutas de material com diâmetros óptimos e se lhes derem ar a velocidades óptimas apropriadas.

Uma vez que os processos transitórios nas instalações de transporte pneumático passam por uma fracção de segundo, o ajustamento manual dos modos de transporte é praticamente impossível e há necessidade de meios técnicos de automatização [36,37].

Para hoje em dia é conhecido o número de sistemas de modos de regulação automática de transporte pneumático em condutas separadas, que se dividem em dois grupos [4,34]: sistemas de estabilização da velocidade do ar; sistemas de estabilização da rarefacção num ponto separado da conduta de material.

Todos estes sistemas, através do estrangulamento do produto ou do ar e do produto, estabilizam a rarefacção nas condutas de produtos, reduzindo ao mesmo tempo o consumo de electricidade que é consumida pela unidade de transporte pneumático.

Os sistemas de estabilização da velocidade do ar em condutas de produtos pneumáticos foram criados pela OTIHP e pelo Instituto "Harchopromavtomatika". No regulador OTIHP, (fig.1.7) [35] a velocidade do ar na conduta pneumática é medida por um tubo pneumático especial que não entupa. As desvantagens deste sistema estão ligadas ao desgaste do tubo métrico pneumático e ao seu entupimento por produtos de transporte, o que leva à mudança contínua das propriedades dinâmicas do sensor e à deterioração da qualidade da regulação, reduzindo a fiabilidade do sistema estabilizador da velocidade do ar.

Um sistema automático de rarefacção estabilizadora em ponto separado da tubagem de material baseia-se no princípio de medição da alteração da pressão estática em qualquer ponto da tubagem do produto como resultado da alteração do modo de transporte pneumático do produto. As alterações proporcionais da pressão regulam o fornecimento de ar. Na fig.1.8 [34] é mostrado um regulador em que o sensor é semelhante ao manómetro em U. Como transformador de mudança rarefacção em sinal eléctrico, é utilizada uma bobina indutiva. O sinal eléctrico da bobina é intensificado e transmitido para o mecanismo executivo - válvula de acelerador. O regulador é simples, mas em alguns valores de consumo do produto, perde sensibilidade e em alguns casos forma uma acção reguladora incorrecta.

O sistema automático de regulação da velocidade do ar em tubos pneumáticos para consumo de produtos é desenvolvido em VNDIZ [34,37] fig.1.9. Uma válvula reguladora que regressa numa ou noutra direcção em função do valor de rarefacção na tubagem do produto que fornece o produto para moagem na máquina de laminagem está localizada entre a máquina e o receptor pneumático **no tubo auto-insuflável.**

A principal desvantagem deste sistema é o efeito de estrangulamento do produto na válvula reguladora, o que leva a uma acção reguladora adequada do sistema em diferentes modos de funcionamento.

A firma suíça "Buler" e o Instituto "Harchopromavtomatica" criaram um sistema automático de regulação da velocidade do ar da rede de transporte pneumático [4,38] fig.1.10. A rede que consiste em 15 condutas de produtos pneumáticos e tem em cada uma delas um circuito separado de estabilização automática da velocidade do ar, circuito de regulação.

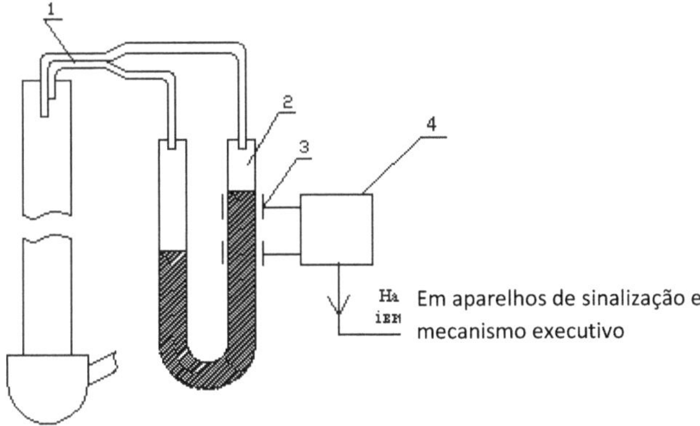

Fig.1.7. Esquema do regulador da velocidade do ar em tubo pneumático.

1 - tubo métrico pneumático; 2 - manómetro tipo U; 3 - sensor de nível capacitivo; 4 - unidade electrónica.

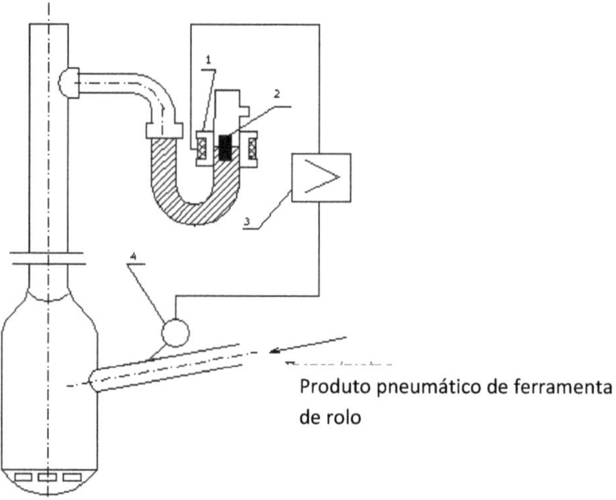

Fig. 1.8. Esquema de sistema estabilizador de rarefacção de regulação no ponto de material pipeline: 1 - bobina indutiva; 2 - núcleo de aço; 3 - amplificador; 4 - mecanismo executivo.

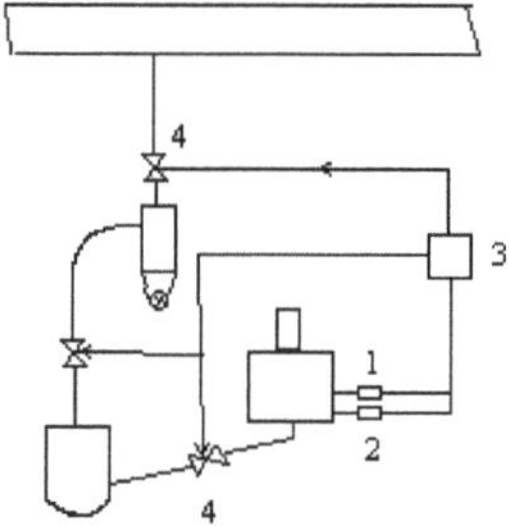

Fig. 1.9. Esquema de regulação do fluxo de ar em tubos pneumáticos sobre o consumo do produto: 1 - sensor de disponibilidade do produto; 2 - sensor de consumo do produto; 3 - bloco de equipamento; 4 - membro de controlo.

O sistema de regulação é instalado em cada tubagem de produto após os descarregadores e consiste na medição e regulação do nó (medidor baseado no bocal Ventura, válvula rotatória de membro de controlo na tubagem de produto), sensor - medidor de tiragem diferencial DT-2-100 e regulador.

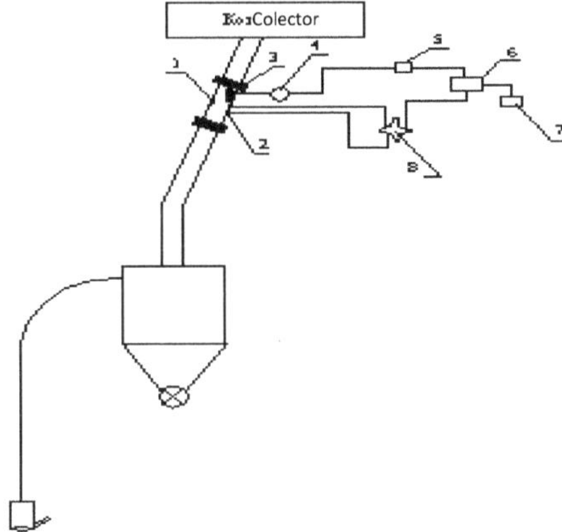

Fig. 1.10. Diagrama chave do CAR: 1 - membro de medição -controlo; 2 - bocal do tubo Ventura com a pressão de selecção da manga; 3 - membro de controlo; 4 - o mecanismo executivo; 5 - arrancador magnético; 6 - regulador; 7 - dispositivo de condução; 8 - manómetro de tiragem diferencial .

Sistemas que estabilizam a velocidade do ar em cada conduta de produtos, dependendo do seu carregamento. Apesar da elevada qualidade de estabilização da velocidade do ar, estes sistemas não encontraram grande difusão devido ao seu elevado custo.

Se considerarmos apenas os modos estáticos de instalação pneumática, neste caso, o método de regulação da velocidade do ar em cada conduta de produto por estrangulamento, dependendo da sua carga, não tem vantagens significativas em termos energéticos em comparação com o estrangulamento do fluxo de ar no colector. Nos trabalhos [2] é feita a análise do sistema automático de instalação de transporte pneumático desenvolvido pela WNIDZ, TSNII com um projecto promotor e WNWO "Harchopromavtomatica" e implementado na planta experimental VNDIZ. A instalação para a movimentação de produtos com sistemas irregulares inclui 16 condutas de material foi equipada com dispositivos para a medição de parâmetros básicos de transporte. Em particular, para a medição do consumo de ar em condutas de material após os descarregadores centrífugos nos cortes rectos dos fios de ar foram instalados tubos Ventura no kit com válvula rotativa de acelerador, com accionamento manual e eléctrico. O descarregador para o nivelamento do fluxo de ar de saída foi fornecido por caracol. A selecção da pressão de queda do dispositivo de estreitamento (tubo Ventura) foi realizada com a ajuda de mangas não-logadas da construção, WNWO "Harchopromavtomatica". Após a instalação do sistema de regulação, os coeficientes de fornecimento de velocidade variaram entre 1,12 e 1,67 para condutas individuais de material, e a média foi muito inferior à anterior à reconstrução.

A redução da velocidade do ar nas condutas de material e a diminuição das fugas de ar como resultado da simplificação do esquema de **remoção de poeiras** levou à redução do consumo geral de ar nas instalações de transporte pneumático de 3,3 para 2,2 m3/s, ou em 34% do consumo total de pressão em 1,9 kPa ou em 22% em comparação com o consumo inicial.

A alteração dos parâmetros hidráulicos da instalação de transporte pneumático reflecte-se nos seus índices energéticos. O gasto total de energia foi reduzido de 58,6 para 35,2 kW, ou seja, em 40 %. Apesar dos significativos índices técnicos e energéticos, a solução técnica dada devido à alta complexidade não encontrou aplicação prática.

As conhecidas pesquisas [7] estão relacionadas com a aplicação do accionamento eléctrico regulável do ventilador de instalação pneumática com base no motor de corrente contínua, em ligação com as dimensões - dimensionais - da massa deste motor em desempenho à prova   baixa fiabilidade também causam dificuldades na implementação prática.

Na [39] figura 1.11,é dada a forma de controlo por processo carregado da conduta principal do sistema de transporte pneumático do tipo aspiração, onde o regulador determina o consumo de ar na conduta de carregamento e altera-o para estabilizar o consumo de ar na conduta principal.

O método melhora o processo de carga da conduta principal, mas o sistema só se aplica no início da unidade pneumática.

É proposto na [40] figura 1.12, o método de controlo pela unidade aspiracional, em função da magnitude da pressão no colector com utilização de sensor de pressão e mudança de frequência de rotação do rotor do ventilador de trabalho com a ajuda do **regulador**. Ao alterar a pressão no colector, o sinal do sensor é introduzido no controlador e daí para o mecanismo executivo que altera a relação da engrenagem da velocidade do regulador e, consequentemente, a frequência de rotação do ventilador.

Este método poupa energia, mas a fiabilidade e velocidade do sistema é baixa.

Assim, uma visão geral das principais fontes dedicadas à redução da intensidade energética do transporte pneumático de produtos de moagem de cereais e aspiração de equipamento mostra que a principal direcção da redução do consumo de energia nestes sistemas é a redução da velocidade do movimento do ar na tubagem do produto e a redução da resistência hidráulica dos seus elementos. É conhecida a solução técnica orientada para a resolução destas questões, não encontraram na prática uma ampla aplicação devido à complexidade e imperfeição. As realizações da electrónica de potência nos últimos anos permitiram criar um conversor de frequência compacto e relativamente barato, cuja utilização torna praticamente resolvida a questão da regulação da velocidade de rotação dos mecanismos turbo com motor assíncrono.

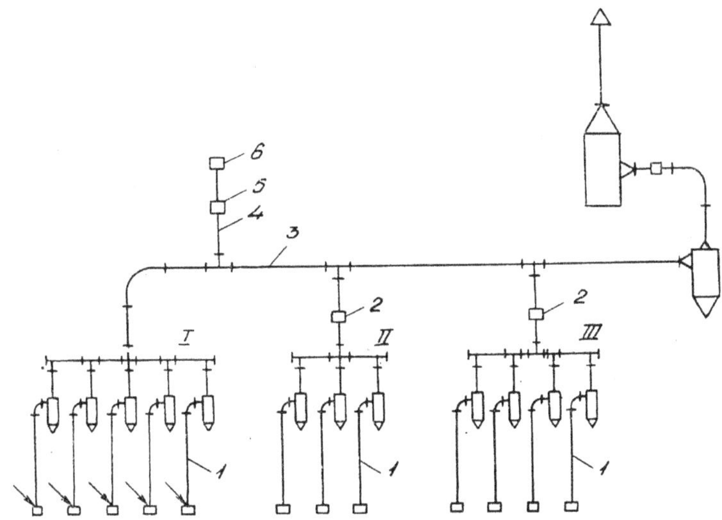

Fig. 1.11. O método de controlo pelo processo de carregamento da conduta principal do sistema de transporte pneumático

1 -riser; 2 -shutters; 3 - tubagens principais; 4 - manga adicional; 5 -controlador do consumo de ar; 6 - o dispositivo de consumo de ar

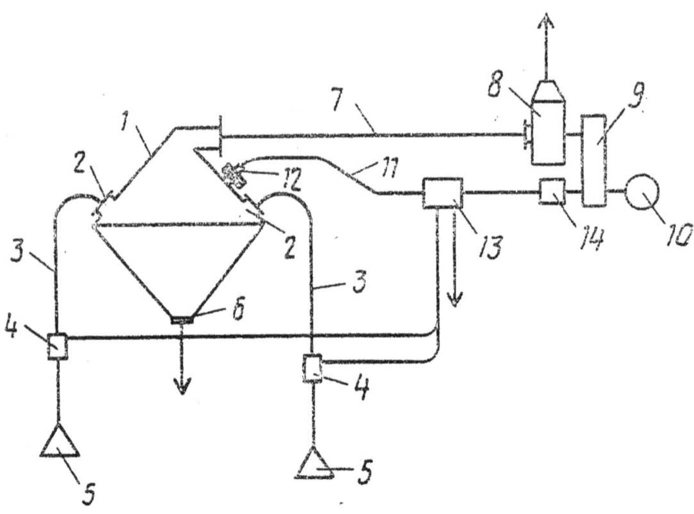

Fig. 1.12. O método de controlo da unidade de aspiração, em função do valor da pressão no colector.

1 - colector; 2 - mangas; 3 - fios aéreos; 4 - **porta** automática; 5 - receptor; 6 - furo de poeira; 7 - instalação de amostragem de ar; 8 - ventilador; 9 - **regulador de** velocidade por cunha; 10 - motor eléctrico; 11 - sistema de controlo automático; 12 - sensor de pressão; 13 - controlador; 14 - mecanismo executivo

1.4. Direcções de implementação de eficiência energética dos modos de operação de instalação de transporte pneumático

A utilização de tecnologias de poupança de energia no complexo agro-industrial da Ucrânia é uma questão urgente do nosso tempo. Especialmente estas questões dizem respeito ao accionamento eléctrico, como o mais importante para a energia eléctrica que consumiu motores eléctricos, pelo que a eficiência do sistema de poupança de energia depende em grande parte da eficiência do accionamento eléctrico. Por conseguinte, existe o problema de fornecer limites de velocidade de poupança de energia de máquinas e mecanismos [41]. Como a experiência dos países avançados do mundo mostra que a melhor ferramenta que implementa o problema em questão é o accionamento eléctrico controlado com base em motores assíncronos com rotor em gaiola (AM) [42,43,44,45,46,47,48,49].

Ampla utilização de AM obtida através de estrutura simples, fiável na exploração e pequena massa por unidade de potência. Mas em AM apresenta uma desvantagem significativa que é a dificuldade de regular fluentemente a frequência de rotação do rotor quando a potência da rede com um certo significado de frequência e tensão levou à utilização de vários dispositivos de controlo por processos tecnológicos e levou a perdas significativas de energia.

Nos finais dos anos 80 do século passado, com o rápido desenvolvimento da electrónica de rádio permitiu o desenvolvimento da frequência assíncrona - accionamento eléctrico controlado (AFCE) com índices de alta energia, miniatura e exploração. Mas o factor restritivo da implementação da AFCE foram os algoritmos de funcionamento dos sistemas de controlo e dispositivos de hardware para a sua implementação [50,51].

Com a transição de microprocessadores para microcontroladores com um conjunto integrado de dispositivos periféricos especializados deu a oportunidade de substituir sistemas de controlo analógico por accionamentos eléctricos nos sistemas de controlo digital directo, o que permite não só o controlo directo do microcontrolador por cada conversor de potência chave (o inversor e o rectificador controlado, caso exista), mas também a possibilidade de entrada directa em sinais de microcontrolador de diferentes feedbacks (independentemente do tipo de sinal: discreto, analógico ou de pulso), com o seguinte processamento de software e hardware no interior do microcontrolador.

Nas empresas de moagem de farinha do ponto de vista da poupança de energia e exigência de processo tecnológico, é necessário utilizar o accionamento eléctrico com uma vasta gama de ajustes, e especialmente nas instalações de transporte pneumático, nas quais para além de regular a frequência de rotação dos ventiladores em **grandes limites**, é necessário considerar o tempo real de mudança de momento e manter o significado necessário da pressão do ar na rede pneumática.

O accionamento eléctrico com ampla gama de regulação requer estruturas mais complexas de controlo vectorial. Nesta fase do desenvolvimento de novos algoritmos de controlo por accionamentos eléctricos na base de sistemas de controlo vectorial são desenvolvidos vários accionamentos com controlo digital directo do momento. Uma característica destas soluções é o máximo circuito de acção rápida da corrente   base em reguladores ou reguladores de **relé** digitais, que operam com base nos princípios de lógica vaga (fuzzy-logic).

A complicação das estruturas de controlo de accionamento exige um forte aumento da produtividade do processador central e a transição para processadores especializados com um sistema de comando orientado a objectos adaptado à solução de problemas de controlo digital em tempo real. Várias empresas (Intel, Texas Instruments, Analog Devices, etc.) lançaram no mercado novos microcontroladores para controlo de motores (da série Motor Control) na base de processadores de processamento digital de sinais - DSP-microcontroladores. Não só fornecem a produtividade necessária do processador central (mais de 20 MIPS), como também contêm uma série de dispositivos periféricos incorporados, atribuídos para a ligação ideal do controlador com inversores e sensores de feedbacks. Entre as **periferias incorporadas, um lugar especial ocupa geradores universais de sinais periódicos que fornecem os mais modernos algoritmos de controlo por inversores, em particular, algoritmos de modulação de largura de impulsos vectoriais. O principal consumo no desenvolvimento de sistemas de controlo de accionamento não está na criação da parte de hardware do controlador, mas sim no desenvolvimento de algoritmos e software.**

O crescimento das possibilidades informáticas incorporadas nos sistemas de controlo de accionamento é acompanhado pela extensão das suas funções. Além do controlo digital directo do conversor de potência são realizadas funções adicionais de suporte da interface com o utilizador (através da consola de gestão operacional), e de controlo pelo processo tecnológico.

O desejo de aumentar a fiabilidade, de actuação rápida do sistema e de reduzir o custo da transmissão levou ao abandono dos parâmetros dos sensores dos processos tecnológicos e à transição para sistemas sem gestão de sensores. Para avaliar as coordenadas mecânicas do accionamento (posição, velocidade, aceleração) são utilizados observadores digitais especiais. Assim, em processos transitórios de transporte pneumático, os sensores mecânicos de pressão que são instalados na rede pneumática têm uma grande inércia, o que leva a uma imprecisão de controlo. O sistema de equações diferenciais que descreve o movimento do accionamento, em regra, é redundante, pelo que os valores indeterminados, tais como a pressão na rede pneumática, podem ser calculados. Evidentemente, isto só é possível com a alta produtividade do processador central, quando este sistema pode ser resolvido em tempo real.

O método de controlo vectorial é a base de um controlo especial dos motores assíncronos. Neste tempo, este método tornou-se avançado no controlo de alta precisão pelos condutores devido à sua eficiência e elevada fiabilidade.

Os sistemas que se baseiam no princípio do vector são diferentes dos outros pela sua simplicidade e baixo custo. Os motores assíncronos requerem algoritmos de controlo complexos, porque têm uma dependência não linear entre a corrente do estator e o momento, ou fluxo magnético da máquina eléctrica.

Ao melhorar os algoritmos de controlo por conversor de frequência, e a utilização da base de elementos modernos de controladores melhoraram as características estáticas e dinâmicas dos accionamentos eléctricos.

No entanto, segundo [52,53,54], estes factores permanecem, limitando o desenvolvimento da AFCE, apesar da utilização do controlo trans vector com tal correcção de parâmetros [55,56].

Como mostra o mercado de accionamentos ajustáveis com motores assíncronos, para a decisão de problemas pontuais estão a prestar muita atenção e esforços os líderes do mercado eléctrico -firma **ABB INDASTRY OY** (Finlândia), Hitachi, OMRON (Japão), Simens, sew eurodreve (Alemanha).

Com base no acima exposto, pode-se concluir que altos índices dinâmicos e energéticos de accionamentos eléctricos reguladores de frequência conseguem quando na base da sua síntese do sistema de controlo automático (ACS) utilizam o seu aparelho matemático e a escolha do algoritmo óptimo de funcionamento do ACS, o que teria em conta a dinâmica de funcionamento do sistema de transporte pneumático.

Com base na análise feita de referências pela utilização de instalações de transporte pneumático em actividades económicas reveladas a seguir:

-as instalações pneumáticas de transporte são amplamente utilizadas na economia nacional da Ucrânia para o transporte de materiais **soltos;**

- A utilização de instalações de transporte pneumático nas empresas de processamento de cereais permite melhorar o processo tecnológico e as condições sanitárias - higiénicas de trabalho do pessoal, mas com isso aumenta a intensidade energética da produção de farinha;

-não há meios técnicos modernos de medição de parâmetros tecnológicos na rede pneumática;

- sistemas de automatização de instalações de transporte pneumático que trabalham com sensores externos não são suficientemente fiáveis, poupam energia e actuam rapidamente.

2. PESQUISA DOS MODOS DE FUNCIONAMENTO DA INSTALAÇÃO DE TRANSPORTE PNEUMÁTICO E ARGUMENTAÇÃO SOBRE O MÉTODO DE POUPANÇA DE ENERGIA

2.1. Observações gerais

Para determinar a potência do motor eléctrico de accionamento da máquina sopradora da unidade de transporte pneumático, é necessário calcular parâmetros tecnológicos de rede pneumática tais como a perda de pressão e o consumo de ar para o transporte de produtos de moagem. A fim de determinar estes parâmetros, é necessário realizar pesquisas de equilíbrio quantitativo e qualitativo do processo de moagem de grãos, o que se revela no carregamento de condutas de material da unidade pneumática.

Estudar os regimes estáticos do processo de transporte de grãos e dos seus produtos de moagem, ou seja, determinar os parâmetros necessários da máquina sopradora em diferentes carregamentos de tubos de material e em diferentes velocidades de movimento do ar no tubo pneumático, bem como efectuar uma verificação experimental da dependência da perda de pressão no tubo pneumático a partir da concentração de mistura aérea. Uma vez que durante o funcionamento da instalação pneumática, a concentração da mistura aérea e a sua velocidade variará em função da carga, do entupimento dos grãos, da sua humidade, variedade e outros parâmetros, então os parâmetros tecnológicos da instalação pneumática mudarão.

As máquinas sopradoras em instalações pneumáticas de moinhos de farinha criam tais valores de pressão e de acordo com a velocidade do movimento do ar na rede pneumática, que na maioria dos casos é muito superior ao necessário. Portanto, é necessário estudar os modos de funcionamento da instalação pneumática, para fundamentar métodos de controlo dos parâmetros tecnológicos da máquina sopradora do ponto de vista da tecnologia de produção de farinha, fiabilidade do trabalho dos equipamentos e tecnologias de poupança de energia.

2.2. Diagrama de fluxo do processo de produção de farinha e cálculo do equilíbrio quantitativo e qualitativo do processo de moagem do grão

O moinho de rolos do tipo R6 - AVM - 15 destina-se à transformação de grãos em farinha do mais alto e do primeiro grau.

O princípio do trabalho do moinho é consequente na purificação e processamento de grãos em máquinas de limpeza de grãos, moagem, peneiramento e tombamento de secções ligadas entre si por comunicações de transporte pneumático e de fluxo de gravidade.

O fluxograma do processo de moagem de cereais no moinho é apresentado na Fig. 2.1 e a disposição do equipamento e o esquema de transporte pneumático estão na adição A1 - A4.

A secção de moagem consiste em processos de esmerilagem e moagem.

Processo de censurado. O grão que é preparado para moer, é enviado para a máquina de rolos I rg,s   processo de ragged inclui três sistemas. No II rg,s. entram no material mais superior das primeiras quatro peneiras I rg,s e o segundo material mais superior das quatro peneiras seguintes vai para o terceiro, rg,s. O terceiro material mais superior das últimas quatro peneiras vai para o 1 g. s. (sistema de trituração). Os produtos da moagem dos grãos (triturados, triturados, farinha) passam sucessivamente pelas máquinas de moagem necessárias após a peneiração, de acordo com o diagrama de fluxo do processo do arroz. 2.1. Para uma classificação mais eficiente dos produtos de moagem, tendo em conta a quantidade e qualidade das fracções, são utilizados diferentes esquemas de peneiramento.

A graduação dos produtos mais materiais do processo de ragged começa em III rg. s.

O balanço quantitativo e qualitativo da moagem de grãos, calculado para moinhos do tipo R6 - AVM - 15 a 100% da produtividade, de acordo com o método e a relação percentual da produção dos sistemas de ragged e moagem [57, 58, 59] é apresentado no Quadro 2.1. A rotação do produto nos processos de ragged e moagem, tendo em conta a massa dos fluxos, que são transportados com a ajuda de instalação pneumática (após máquinas de rolos, peneiração, etc.) é de 255%.

Além disso, a instalação pneumática fornece grãos do bunker receptor para o equipamento de limpeza de grãos (separador pneumático, separador de grãos, nivelador cilíndrico, estofamento rígido, etc.).

O processo de moagem em processo diagrama de fluxo da produção de farinha é a fase final. O processo de moagem é realizado por três sistemas de moagem. O objectivo do processo de moagem é concluído na moagem de trituramento de triturados e de dunst recebidos em processo de ragged.

Sleet and **dunst** from the third plus material and second plus material II rg.s. and the first plus material III rg.s. go on 1 rg.s. The plus material of the first sizing sieve 1r. s   goes on 2 rg.s. second plus material1 rg. s. on 3 rg. s Isto é, dependendo do produto da moagem do grão e do grau da sua moagem, move-se consistentemente através de máquinas de rolos.

A farinha de maior qualidade é obtida no terceiro rg.s e 1 rg. s. após a peneiração.

2.3. Investigação dos modos estáticos do processo de transporte de cereais e produtos da sua moagem.

A **aspiração** e a instalação de transporte pneumático do moinho são asseguradas por uma instalação de ventilação, cujo esquema é mostrado na Figura 1.3. Para a movimentação de cereais e produtos em processo de preparação para moagem e durante a moagem são utilizadas duas unidades de transporte pneumático.

A unidade de transporte pneumático do **departamento de** limpeza de grãos consiste em três condutas de produtos com receptores, três separadores, que servem como descarregadores.

A unidade de transporte pneumático do departamento de trituração, peneiramento e toppling é composta por 8 condutas de produtos e 8 descarregadores centrífugos.

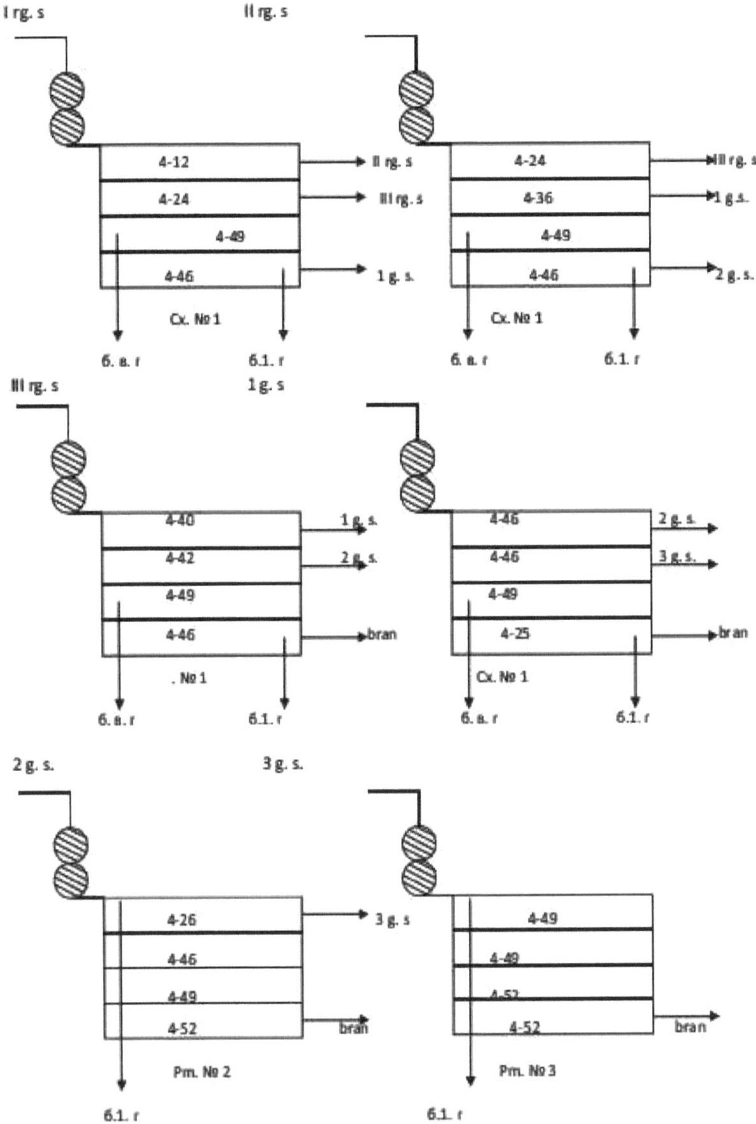

Fig. 2.1. Esquema do departamento de moagem do moinho.

Quadro 2.1. Balanço quantitativo e qualitativo do departamento de moagem do moinho

№ П / П	SISTE MA	PRODUTOS DE MOAGEM DO ADVENTO		ESCOAMENTO DE PRODUTOS DE MOAGEM			
		% A I RG. S.	KG/ H	PRODUTO	OUTLET		SISTEMA PARA O QUAL O PRODUTO ESTÁ EM MOVIMENTO
					% A I RG. S.	KG/ H	
1	2	3	4	5	6	7	8
1	I RG. S.	100	625	1 - P. M	58	360	II - RG. S.
					22	137	III - RG. S.
				2 - PM.	11	69	1 - G. S.
				3 - P. M	5	34	FARINHA H. G.
					4	25	
2	II RG. S.	58	360	1 - PR.	100	625	FARINHA F. G.
				2 - PR.	13	81	
				SOMA	14	86	
				1 - PM.	13,3	83	III - RG. S.
				2 - PM.	11,7	73	1 - G. S.
				3 - PM.	6	37	2 - G. S.
3	III RG. S.	34,8	218	1 - PR.	58	360	FARINHA H. G.
				2 - PR.	5	33	
				SOMA	3	17	FARINHA F. G
				1 - PM.	4,8	30	
				2 - PM.	17,6	110	
				3 - PM.	4,4	28	1 – P. C.
				1 - PR.	34,8	218	2 – P. C.
				2 - PR.			MARCA
				SOMA			FARINHA H. G.
							FARINHA F. G

Continuação do quadro 2.1

1	2	3	4	5	6	7	8
4	1 G. S.	30	188		4,3	27	2 - G. S.
					4,7	29	3 - G. S.
				1 - PM.	2,4	16	MARCA
				2 - PM.	15,4	96	FARINHA H.
				3 - PM.	3,2	20	G.
				1 - PR.	30	188	FARINHA F.
5	1 G. S.	20,3	127	2 - PR.	7,4	46	G
				SOMA	9,7	61	
				1 - PM.	3,2	20	3 - G. S.
				2 - PM.	20,3	127	MARCA
6	3 G. S.	12,2	76	1 - PR.	11,9	68	FARINHA П.
				SOMA	1,3	8	Г
				1 - PM.	12,2	76	
				1 - PR.			MARCA
				SOMA			FARINHA F.
							G

A purificação do ar é uma etapa com a ajuda dos ciclones C-400. Para determinar a perda de pressão, é necessário determinar a carga estimada nos transportadores pneumáticos do moinho. Esta carga de cálculo é avaliada utilizando a tabela 2.1 do balanço quantitativo-qualitativo, tendo em conta o coeficiente de irregularidade. Os valores de entrada do processo de moagem de grãos: os índices de qualidade dos grãos (tipo, área de cultivo, vítreo, humidade, custos).

Os valores de saída são a produção e a qualidade da farinha por grau. Os factores perturbadores do processo são convencionais pelas propriedades do produto, as peculiaridades do equipamento tecnológico e de transporte, mudança de microclima no apartamento de produção, flutuações de tensão na **rede eléctrica** e assim por diante. A acção do lado do produto explica-se pela sua natureza como material solto, que se manifesta na distribuição desigual do produto nos divisores, dependendo da sua humidade e parâmetros físicos e mecânicos. A alteração na composição **granulométrica** de produtos intermédios individuais conduz igualmente a flutuações no consumo de produto em trânsito e **mais** fracções de **material**.

As acções internas de perturbação lateral do equipamento são condicionadas por alterações das características das partes operacionais das máquinas: embotamento de rolos **ondulados**, entupimento de peneiras de peneiração, afrouxamento da tensão das correias de transmissão das máquinas e outras. Acções internas, causadas por alterações de microclima de apartamento industrial (alterações na temperatura e humidade relativa do ar), influência no grau de secagem do produto, no **carácter** da sua moagem e peneiração. Por exemplo, o aumento da humidade relativa de 50 para 65% reduz o potencial eléctrico nas peneiras de 12000 V para 0. As acções do lado da rede de alimentação estão ligadas às flutuações de tensão e à frequência da corrente eléctrica. Assim, as flutuações admissíveis pelas normas operacionais da corrente de frequência na gama de ± 0,4% e tensões nas pinças do motor de + 5 a - 5% provocarão a alteração da frequência de rotação do motor assíncrono na gama de ± 3%. Neste caso, a eficiência do rastreio varia em 20%.

Estas acções perturbadoras são tidas em conta com a ajuda do coeficiente de irregularidade e valor, que foi tomado por [60]. Tendo em conta os valores da tabela 2.1 e os valores do coeficiente de desnivelamento da tabela 2.2 são dados valores de cargas calculadas em transportadores pneumáticos tabela 2.3.

O método de cálculo dos transportadores pneumáticos e das características energéticas da **unidade** pneumática **é reduzido** ao seguinte. As características tecnológicas e técnicas das condutas de produtos e da instalação de transporte pneumático são determinadas de acordo com os quadros 2.1 e 2.2 e com base nos resultados da investigação de linhas de moagem à escala real.

A velocidade do ar calculada (m/s) na conduta pneumática é determinada pela fórmula [60].

$$\upsilon = {}_{Ks}\,(10,5 + 0,57\ \upsilon susp), \qquad\qquad 2 \qquad\qquad .1)$$

onde: Ks - coeficiente do stock, que permite o transporte em cargas oscilatórias sobre o transportador pneumático $_{Ks=1}$,25;

$_{\upsilon susp}$ - a velocidade média dos produtos do moinho, m/s, é determinada a partir da expressão (1,5).

Para um funcionamento estável e ininterrupto do transportador pneumático, a velocidade calculada do fluxo de ar na conduta de material é tomada maior do que o valor dos Ks.

O significado de Ks é seleccionado em função da produtividade da instalação, diâmetro da tubagem do material e propriedades aerodinâmicas do material de transporte.

O lugar mais perigoso na **rede** do ponto de vista da **obstrução de** subida é a curva, que muda a direcção do fluxo da horizontal para a vertical. As curvas da vertical para a horizontal e as dobras na parcela horizontal são equivalentes à relação com os limites de obstrução [16]. Para curvas com raio inferior a 7D, o valor dos Ks é maior em $1,05 \div 1,10$ do valor $_{K_3}$ no raio das curvas superior a 7D.

A velocidade do fluxo de ar nas condutas de produtos é um indicador importante do funcionamento da unidade de transporte pneumático. É de notar que com o aumento da velocidade do fluxo de ar, aumenta a potência que é consumida (aproximadamente no terceiro grau do caudal), ocorre a moagem do produto que está a transportar o aumento do desgaste da tubagem do produto, separadores, separadores pneumáticos e diminui a eficiência do trabalho do equipamento. Portanto, é desejável que o fluxo de ar durante o transporte do produto seja o mais baixo possível. No entanto, o trabalho de instalações de transporte pneumático com uma velocidade de ar baixa máxima permitida pode levar à obstrução de condutas de **produtos**.

O cálculo da velocidade do ar na **tubagem do material** do ponto de vista da obstrução de subida não leva menos de 16 m/s.

Tabela 2.2 Carregamento em transportadores pneumáticos do moinho.

O número o dos transp ortado res pneu mátic os	Sistema e produto	Carregamento por balança Gbal kg/h, à produtividade do moinho t / dia			Desn ivela ment o do coefi cient e, um	Carga calculada Ggr kg/h,à produtividade do moinho t /dia		
		12	15	18		12	15	18
1	2	3	4	5	6	7	8	9
1	Farinha do grau superior	250	313	375	1,2	300	375	450
2	Farinha da primeira classe	110	138	165	1,2	132	165	198
3	Linha de farelo	140	175	210	1,15	161	201	241
4	3- d moagem	61	76	91	1,3	79	99	119
5	2- d moagem	102	127	152	1,3	132	165	198
6	2 -d sistema ragged	174	218	262	1,2	209	261	313
7	1- moagem de pedra	150	188	226	1,3	195	244	293
8	2- d sistema ragged	288	360	432	1,2	346	432	518
9	1 - sistema st ragged	502	627	752	1,05	527	659	791
10	Máquina de limpeza, grão	502	627	752	1,05	527	659	791
11	Separador, grão	502	627	752	1,05	527	659	791

Quadro 2.3. A perda de pressão na instalação de transporte pneumático.

O número dos transportadores pneumáticos	Sistema ou produto	A perda de pressão sobre a tranportação da mistura do avião Hт. CM, Pa	A perda de pressão nas torneiras da mistura aérea Hv.cм, Pa	A perda de pressão na corrida Hcal, Pa	A perda do dispositivo de aceitação de pressão Hп.п., Pa	A perda de pressão na máquina Hм, Pa	A perda de pressão sobre a elevação Hп, Pa	A perda de pressão no descarregador Hpт Pa	Perda geral de pressão no transportador pneumático Hпт, Pa
1	2	3	4	5	6	7	8	9	10
1	Farinha h. g. horizontal secção	76,7	367	935					
	vertical secção	281	309	-					
	Soma	357,7	676	935	265,4	100	41	115	2490
2	Farinha f. g. horizontal secção	25,5	261	411					
	vertical secção	263,6	234	-					
	Soma	289	495	411	2654	100	41	115	1716
3	Linha de farelo horizontal secção	48,4	302	498					
	vertical secção	275,3	275	-					
	Soma	323,7	577	498	265,4	100	50	115	1929

Contínuo do quadro 2.3

1	2	3	4	5	6	7	8	9	10
4	3 g. s. horizontal								
	secção	101	230	233					
	vertical								
	secção ·	263							
	Soma ·	364	230	233	265,4	100	25	104	1324
5	2g. s. horizontal								
	secção	142	280	412					
	vertical								
	secção	300							
	Soma	442	280	412	297,5	100	39	54	1623
6	III rg. s. horizontal								
	secção	83	180	369					
	vertical								
	secção	235							
	Soma	318	180	369	331,3	100	32	225	1555
7	1 g. s. horizontal								
	secção	110	170	329					
	vertical								
	secção	215							
	Soma	325	170	329	297,5	100	31,5	185	1438
8	II rg. s. horizontal								
	secção	89	200	644					
	vertical								
	secção	270							
	Soma	359	200	644	366,3	100	50,2	230	1948
9	I rg. s. vertical								
	secção	339	-	293					
	Soma	339	-	293	444	100	55	73	1303
10	Máquina de limpeza								
	horizontal	440	210	11,4					
	secção								
	inclinado	700	187	1138,					
	secção	1070	397	7	573,7	200	57,6	96	3647
11	Soma			1252,					
	Separador			7					
	vertical	620	-						
	secção	620	-		573,7	200	57,6	96	2713
	Soma			1166					
				1166					

Ao calcular os transportadores pneumáticos para grãos, a velocidade de projecto do movimento do ar é tomada 22 m / s na concentração da **mistura aérea** μ<4 kg / kg e 25 m / s na concentração$\geq$ da mistura aérea 4 μkg / kg.

A concentração de peso da mistura aérea é determinada pela fórmula [60]:

$$\mu = \frac{G_{c.}}{\rho_{r.d}Q} \; ,$$
(2.2)

onde : $\rho_{r.d}$ - a densidade do ar que entra no dispositivo receptor, kg / ^{m3}, é tomada igual a 1,2 kg / ^{m3};

Q - consumo de ar projectado em material pipeline, ^{m3} / h

Q = 3600 Fu, (2.3)

F -Área seccional das condutas de material ao longo do diâmetro interno, ^{m2}.

O cálculo do consumo de pressão em condutas de material. As perdas de pressão $_{Hmp}$(Pa) são determinadas pela fórmula

$$H_{mp} = H_m + H_{r.d} + \sum H_h + \sum H_b + \sum H_{ver} \quad (2.4)$$

Onde $\sum H_b$ - a soma das perdas de pressão nas curvas, incluindo as perdas por aceleração após a **curva**, Pa; $\sum H_{ver}$ - quantidade de perda de pressão nas secções verticais da tubagem de material, Pa H_m- perda de pressão no equipamento tecnológico. A perda de pressão em equipamento tecnológico é tomada por [57,61]. - $H_{r.d}$ perda de pressão no dispositivo receptor. A perda de pressão na secção horizontal da tubagem de material $_{Hh}$ (Pa) é calculada com base nas expressões (1,37 - 1,41) pela fórmula:

$$_{Hh} = {}_{Hh \bullet c} (1+Kh\mu);$$

$$_{Hh.\,c.} = 1,2 \cdot 10\text{-}2\, L\vartheta^{\,1,75D\text{-}1,25} \; , \quad (2.5)$$

Onde: $_{Hh.\,c}$- perda de pressão da fricção ao mover a **mistura aérea** em secção rectilínea de material pipeline de ar limpo; L i D - comprimento e diâmetros das secções horizontais de material pipeline;

$$Kh = \frac{A_h D}{\vartheta^{1,25}} \; ;$$

$A_h = 135$ para produtos de moagem em bruto,

$A_h = 110$ para produtos macios.

As perdas de pressão nas curvas H_b (Pa) com base na expressão (1,42) são determinadas pela fórmula:

$$H_b = H_{b \cdot c} (1 + K_b \mu) + \beta \frac{\rho \vartheta^2}{2} \mu K_p \; ; \tag{2.6}$$

$$\cdot H_{b\,c} = \Delta_b \xi_{b\,b} \frac{\rho \vartheta^2}{2} \, , \tag{2,7}$$

onde : $K_p, K_b, , \beta, \Delta_b, \xi_b,$ - coeficientes experimentais [61,62].

A perda de pressão na secção vertical da tubagem de material H_{ver} (Pa) é determinada pela fórmula:

$$H_{ver} = H_c + H_M = 1,2 \cdot 10\text{-}2 \, L\vartheta^{\;1,25} D\text{-}1^{,25} + G \; x$$

$$x \, (1,59 \, \upsilon \, {}_M D\text{-}2 + 12,5 \, LD\text{-}2\upsilon \, {}_{M\text{-}1} + 5,35 \cdot 10\text{-}3 L\upsilon \, {}_M D\text{-}3),$$
$$\tag{2.8}$$

onde: H_c - perda de pressão ao mover ar limpo, Pa;

H_M - perda de pressão ao mover material, Pa; G - consumo estimado de material, kg / s; υ_M - a velocidade média das partículas de material, m / s, é determinada pela expressão (1,43)

Os esquemas de condutas de produtos do moinho com a designação dos ângulos de inclinação e o comprimento das secções verticais e horizontais são dados em adição A1-A5.

As perdas de pressão no ciclone - descarregadores (kPa) consideram as perdas Hmach e são determinadas pela fórmula:

$$H_{c. d.} = Q2 \, D_{c.d.}^{-3} \, , \hspace{6cm} 2 \hspace{4cm} ,9)$$

Onde: Q - fluxo de ar, ^{m3} / s, em densidade, $\rho = 1,2$ kg / ^{m3}; $\;\; D_{c.\,d.}$ - diâmetro do ciclone do descarregador, m.

Uma vez que um ventilador serve unidade de transporte pneumático e sistema de aspiração, que para determinar a potência do ventilador e consequentemente o motor de accionamento é necessário para calcular a rede de ventilação.

O cálculo da rede de ventilação é efectuado pelo método da pressão total e dinâmica. Além disso, é mostrado A6 o esquema da rede de ventilação, no qual se colocam os dados necessários para o cálculo. Os dados de cálculo colocados no quadro 2.4.

Cálculo das perdas de pressão na direcção principal da rede. Estas áreas 1-2-3, desde o início da área 1 até ao orifício do ventilador de sucção, a perda de pressão será a maior. Os comprimentos e diâmetros dos fios de ar da rede de aspiração, numerados adicionalmente 3, foram determinados pela forma de medições no objecto de pesquisa.

O consumo de ar e os valores de resistência aerodinâmica do equipamento foram tomados de acordo com os dados [63,64].

As secções 4.5 são ramificações.

O método de cálculo da rede de aspiração encontra-se no seguinte.

O comprimento e diâmetros dos segmentos e características das peças moldadas foram determinados pelos resultados das medições no moinho. A rede é dividida em segmentos que são numerados (Adição A6). O comprimento dos segmentos inclui os comprimentos das peças, excepto o comprimento do tee.

O método mais comum para o cálculo da rede de aspiração é o método de pressão total, desenvolvido por A. V. Panchenko [65]. Na base do método de pressão total é colocado o princípio da soma de todas as perdas de pressão que surgem ao mover ar na direcção principal, tendo em conta as perdas que se elevam quando o ar chega e é retirado do edifício.

A pressão do ventilador calculada pelo método da pressão total é determinada pela fórmula:

$$H_c = H_a + \sum_{i=1}^{i=n} \left(l_i \frac{\lambda_i}{D_i} + \Sigma \xi \right) \cdot \frac{\rho \vartheta^2}{2} + H_{ds} + H_y + H_{build} \quad (2.10)$$

Onde: H_a - rarefacção no **abrigo** (resistência da máquina), Pa;

$$\sum_{i=1}^{i=n}\left(l_i \frac{\lambda_i}{D_i} + \Sigma \xi \right) \cdot \frac{\rho \vartheta^2}{2} = H$$ -uma quantidade de perda de pressão sobre o movimento do ar ao longo da direcção principal, Pa;

H_{ds} - perda de pressão em separadores de pó, Pa;

H_y - perda de pressão na saída de ar para a atmosfera, Pa;

H_{build} - resistência da entrada de ar no edifício, Pa.

Por este método, a perda de pressão sobre o atrito e sobre os suportes locais, tal como decorre da expressão, é determinada nas fracções da resistência dinâmica (de alta velocidade). Na expressão

$$H = \sum_{i=1}^{i=n}\left(l_i \frac{\lambda_i}{D_i} + \Sigma \xi \right) \cdot \frac{\rho \vartheta^2}{2},$$

Onde: λ - o coeficiente de resistência sem dimensão;

$\Sigma \xi$ -a soma dos coeficientes de resistência local;

n - número de secções de fios de ar ao longo da direcção principal, incluindo com fios de ar antes e depois do ventilador.

Para simplificar o cálculo da rede de aspiração utilizando o método de pressão total, A.V. Panchenko desenvolveu um **nomograma [65], que permite o** Q dado e determinar ϑfio de ar, a razão, a pressão dinâmica e outros valores λ/Dque são utilizados nos cálculos, ou com valores conhecidos de Q e D - velocidade real do ar nos fios de ar.

Os coeficientes de resistência local ξ dos elementos moldados da rede de aspiração são dados em referência [66,67].

Perda de pressão na saída de ar para a atmosfera

$$H_y = \xi_y \frac{\rho \vartheta^2}{2},$$

onde : ξ_y - o coeficiente de resistência sobre a expansão inesperada é habitual$\xi = 1$.

O tamanho do tubo de escape é escolhido de modo a que a velocidade do ar não fosse superior a 6 m / s.

A resistência da entrada de ar no edifício H_{build} não deve exceder 30-50 Pa; este valor é tomado para calcular a pressão na rede de aspiração.

O consumo de ar que se move por ventilador envolve Qa de fluxo de ar, aspirado a partir do equipamento e sucção através da volatilidade na rede e em separadores de pó.

O consumo de ar (m^3 / s) é determinado pela fórmula:

$$Q = 1,05 \sum Q_a + \Delta Q_{ds},$$
(2.11)

Onde: 1, 05 - coeficiente que tem em conta a sucção em rede;

$\sum Q_a$ -montante do consumo de ar, aspirado dos abrigos, m^3 / s;

ΔQ_{ds} - sucção de ar em separadores de pó, m^3 / m.

O cálculo dos ramos da rede de aspiração com as suas secções transversais conhecidas assentava na determinação da perda de pressão. As perdas de pressão no fio de ar principal e nos ramos devem ser iguais. O **alinhamento** da resistência dos ramos com a linha principal é efectuado quer por selecção sucessiva da velocidade do ar e diâmetro do fio de ar, quer pela instalação de dispositivos de acelerador (diafragmas). O ramal com linha principal é ligado por um tee. Os tee usados são feitos pelas condições

$$F0 = F_{п} + F6,$$
(2.12)

onde : **F0**- secção transversal de fio de ar combinado (geral), m^2;

$F_{п}$ - área transversal ao longo da curva (linha principal), m^2;

$F6$ - área transversal do ramo, m^2.

Tendo em conta que o consumo de ar na secção transversal geral dos tees é igual ao consumo da volta e do ramo, podemos escrever

$$\vartheta_o D_o^2 = \vartheta_п D_п^2 + \vartheta_6 D_6^2$$

A partir daí:

$$\vartheta_o = \vartheta_\pi \cdot \frac{1 + C_\pi}{1 + n} = m\vartheta_\pi,\qquad\qquad (2.13)$$

$$\text{Onde: } C_\pi = \frac{\vartheta_6}{\vartheta_\pi}\ n = \frac{D_6^2}{D_\pi^2}\qquad i\ .$$

Esta expressão indica que a velocidade do ar em cada secção seguinte do segmento principal deve ser maior do que no segmento anterior, como acontece com a escolha correcta da linha principal C> 1.

Com um consumo constante de ar que é aspirado da máquina ligada ao ramo, a velocidade do ar só pode ser alterada através da redução ou aumento do diâmetro do ramo. Tem de ser seleccionado para que a perda de pressão até ao fim do ramo seja igual à perda de pressão ao longo da linha principal a que o ramo está ligado. No entanto, o alinhamento da resistência da linha principal e do ramo como resultado da redução do diâmetro do ramo nem sempre é possível. Neste caso, a perda de pressão é alinhada com a ajuda do diafragma. Este método é especialmente útil em ligação com a utilização de diâmetros padrão de fios de ar e imprecisão da sua produção industrial.

Determinar o vácuo calculado, que é necessário para o transporte pneumático:

$$H_c. = H_{pc.} + H_{col...} + H_{v.} + H_{n.t}\quad .(2\qquad\qquad .14)$$

Onde: H_{pc} -resistência do transportador pneumático (o maior), Pa;

Hcol - resistência do coleccionador, $H_{col.} = 50$ Pa (extraído de dados [60]);

$H_{v.}$ -resistência da rede de ventilação, Pa;

$H_{n.t.}$ - não considerados apoios na instalação, $H_{нев.в.} = 25$ Pa (extraído de dados [60]);

$$H_c. = 3647 + 50 + 723 + 25 = 4445 \text{ Pa}$$

Determinar a potência necessária para a condução do ventilador pela expressão:

$$P_в = \frac{H_c. \cdot Q_c.}{3600 \cdot 1000 \cdot \eta_f \cdot \eta_t \cdot \eta_b} = \frac{4445 \cdot 3588}{3600 \cdot 1000 \cdot 0,65 \cdot 0,95 \cdot 0,98} = 7,1 \kappa Wt \qquad (2.15)$$

Onde: $Q_{c3.}$ -montante de ar que foi fornecido em ventilador, m^3 / h.

η_f - coeficiente de acção útil do ventilador;

η_t - coeficiente de acção útil de transmissão;

η_b - coeficiente, que tem em conta a perda de energia nos rolamentos;

Uma vez que a carga da rede pneumática pode variar estocasticamente dentro dos limites (de 80% a 120%) [17], do que para o funcionamento normal dos tubos de material é necessário fornecer no sistema os valores correspondentes de pressão e consumo de ar. Estes valores podem ser determinados a partir da Fig. 2.2

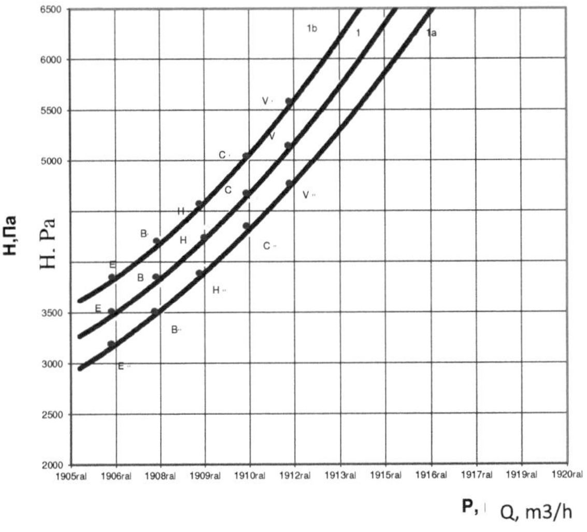

Fig. 2.2. Características aerodinâmicas da rede pneumática em diferentes valores de carga de condutas de material; 1 - a 100%: 1a - a 80%; 1b - a 120% de carga

Na fig. 2.2 ponto B corresponde à velocidade do movimento do ar aumentada em 4 m/s em relação ao necessário, C - é aumentada em 2 m/s, H - 25 m/s é necessária velocidade do movimento do ar, V- reduzida em 2 m/s a partir do ponto H, E - reduzida em 4 m/s com carga nominal da rede pneumática. Os pontos V′, C′, H′, H′, B′, E′, respectivamente com

Table 2.4. The results of calculation of ventilation net

The number or denotation of plot	Air consumption Q, m³/h	Diameter of air wire D, mm.	High pressure $H_z = \rho \cdot \dfrac{\vartheta^2}{2}$ Pa	Calculated length of plot l, m	λ/D	Amount of local resistance $\sum \xi$	Loss of pressure $H_{ip} = (\ell \cdot \dfrac{\lambda}{D} + \sum \xi) \cdot \dfrac{\rho \cdot \vartheta^2}{2}$ Pa	Loss of pressure in machine H_M, Pa	Loss of pressure on the plot H_p, Pa	Loss of pressure On the main line of the net $\sum H_{lp}$, Pa
Discharger. C – 400	1059	-	-	-	-	-	-	321,7	-	-
1	1059	150	194,4	1,2	0,12	0,6	144,6	-	466,3	466,3
2	2118	200	194,4	0,55	0,08	0,3	66,8	-	66,8	526,1
3	3177	250	173,4	9,8	0,07	0,41	190,6	-	190,6	723,4
Discharger. C – 400	1059	-	-	-	-	-	-	321,7	-	-
4	1059	150	173,4	0,8	0,12	0,3	69,4	-	391,1	391,1
Discharger. C – 400	1059	-	-	-	-	-	-	321,7	-	-
5	1059	150	173,4	0,9	0,12	0,26	64,6	-	386,3	386,3

120% do carregamento da rede pneumática e V'', C'', H'', B'', E'' - a 80% do carregamento. Como se pode ver na Figura 2.2, ao alterar o carregamento das condutas de material e a velocidade do movimento do ar na mesma, levam à alteração de valores de parâmetros tecnológicos da rede pneumática tais como a perda de pressão e o consumo de ar. O aumento da velocidade do movimento da mistura aérea a 2 m/s leva ao aumento da pressão para 500 Pa, e ao aumento do carregamento das condutas de material em 20% - 300 Pa. Estes parâmetros, de acordo com a expressão (2,15), influenciam a potência do motor eléctrico de accionamento da máquina sopradora. De acordo com a figura 2.2 durante o funcionamento, a instalação pneumática pode funcionar em qualquer ponto das características, razão pela qual a potência do motor eléctrico de accionamento deve ser alterada para os valores específicos dos parâmetros tecnológicos da rede pneumática, por razões de eficiência energética e fiabilidade de funcionamento do equipamento tecnológico.

Para verificar os dados de cálculo, realizamos uma experiência num moinho activo para determinar a perda de pressão na tubagem de material.

Um dos componentes importantes da investigação científica é uma experiência. O seu principal objectivo é a verificação das posições teóricas (confirmação da hipótese de trabalho), bem como um estudo mais profundo do processo de funcionamento. Pela medida da complexidade dos processos investigados, aumenta o custo do equipamento e da realização da experiência. Muitas vezes surge a situação em que é impossível efectuar a medição directa das características que são determinadas, como resultado num conjunto de indicadores pelos quais se faz a sua avaliação que não coincide com os parâmetros obtidos como resultado da experiência.

Num moinho activo do tipo R6 - AVM - 15 foi realizada uma experiência para determinar as perdas de pressão na tubagem do material durante o transporte de grãos. O esquema de condução da experiência é mostrado na Figura 2.3.

A experiência foi realizada da seguinte forma: durante o funcionamento da instalação pneumática do moinho pela válvula 8 foi substituído o fornecimento de grãos do bunker 1, que foi recolhido pelo fluxo de ar e através do tubo de material 2 transferido para o separador pneumático 3. Nele, o grão era limpo de pó e entrava em peso de 9, onde passava a pesagem. Através do anemómetro 7 foi determinada a velocidade do movimento do ar no tubo de material. Com base nas medições e cálculos necessários efectuados, a determinação da composição quantitativa do material e do agente de transporte determinou a concentração da mistura aérea.

Com base na expressão (1,32), a perda de pressão no tubo pneumático foi determinada a diferentes velocidades do agente portador e diferentes valores de concentração. A dependência da perda de pressão no tubo de material da concentração da mistura aérea é mostrada na Figura 2.4.

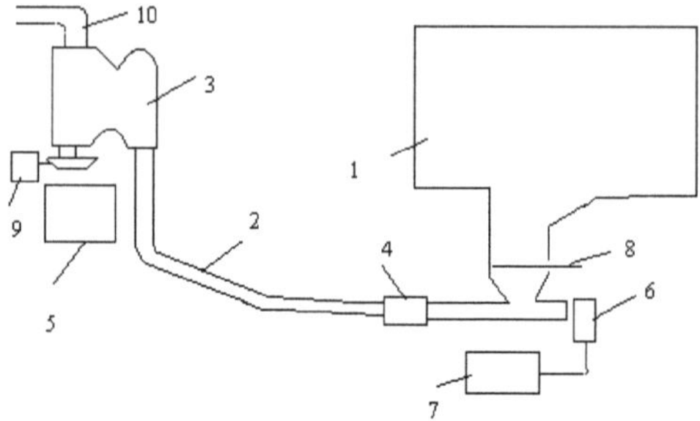

Fig. 2.3. Esquema da realização da experiência

1 - bunker de grãos; 2 - tubo de material; 3 - separador pneumático; 4 - inserção transparente; 5 - máquina de limpeza; 6 - sensor de movimento de ar; 7 - anemómetro; 8 - válvula; 9 - peso; 10 - fio de ar.

Avaliação da adequação dos dados experimentais e analíticos obtidos.

Ao elaborar os dados da investigação baseou-se no pressuposto de que os resultados da experiência têm um erro aleatório e sistemático [74]. O último é caracterizado pela classe de precisão do dispositivo de medição e não pode ser determinado com precisão; outros tipos de erros foram excluídos dos resultados de medição através de **tarificação** prévia.

Também se esperava que o erro aleatório fosse distribuído segundo a lei normal, o valor médio provável do valor de medição

$$\bar{x} = \frac{\sum_{i=1}^{n} x_i}{n} \qquad (2.16)$$

onde: n - número de experiências paralelas;

Xi - significado de valores de medição em i - experiência.

Desvio **médio-quadrado** dos resultados de medição:

$$S_n = \sqrt{\frac{\sum_{i=1}^{n}(x_i - \overline{x})^2}{n-1}} \qquad (2.17)$$

A descoberta de erros foi realizada com a ajuda do critério "Grab's" [75].

$$t_2 = \frac{|x_n - \overline{x}|}{S_n} \qquad (2.18)$$

onde: t2 - valor que é verificado.

Se o valor do critério de Grab for maior que o tabular, então a medição foi rejeitada e novamente recalculada. $\overline{x}, S_n$

O número de experiências paralelas (5) é pequeno, pelo que o erro aleatório:

$$\Delta x = \frac{t_n S_n}{\sqrt{n}} \qquad (2.19)$$

onde: **tn** - é o critério do Estudante para o número de experiências n e a probabilidade confidencial (αa probabilidade confidencial foi tomada igual a 0,95).

O erro aleatório **Δx** foi baseado na dependência de erro aleatório e sistemático:

$$\Delta x = \sqrt{\left(\frac{t_n S_n}{\sqrt{n}}\right)^2 + \left(\frac{\delta t_\infty}{3}\right)^2} \qquad (2.20)$$

onde: **t$_\infty$** é o valor do critério do Estudante quando **n→∞** ;

δ - erro sistemático de dispositivo.

Ao efectuar medições indirectas de valores, $y = f(x_1, x_2, ..., x_k, ..., x_n)$ o erro foi determinado pela expressão:

$$\Delta y = \sqrt{\sum_{k=1}^{n}\left(\frac{\partial f}{\partial x}\Delta x_k\right)^2} \qquad (2.21)$$

onde: $x_к$ - medição directa de valores.

Para verificar a adequação das dependências experimentais teóricas foi utilizado o critério de Fisher:

$$F_{ex} = \frac{S_{ad}^2}{S_{p.d}^2}$$

(2.22)

dispersão da adequação:

$$S_{ad}^2 = \frac{\sum (y_i - y_{pi})^2}{m - l - 1}$$

(2.23)

onde: y_{pi}, y_i - valores calculados e experimentais;

m - número de valores comparativos;

l- número de coeficientes que são determinados por dados experimentais.

Dispersão do jogo:

$$S_{p.d}^2 = \sum_{i=1}^{n} \frac{S_{ni}^2}{n}$$

(2.24)

onde: S_{ni}^2 - o desvio médio-quadrado na medição do i - resultado.

A dependência teórica é adequada ao experimental se os valores recebidos do critério de Fisher forem inferiores ao valor tabular, seleccionados pelo número de graus de liberdade do numerador e do denominador, bem como pela probabilidade confidencial $F_{ex.} < F_{tab..}$

Devido ao método acima conduzido a adequação do modelo matemático para determinar as perdas de pressão na tubagem de material, o valor de Fisher para a experiência $F_{ex} = 0, 12$, e tabular é $F_{tab} = 4,965$. O modelo matemático descreve adequadamente a definição das perdas de pressão reais no tubo pneumático. O cálculo da adequação é dado no Aditamento A7.

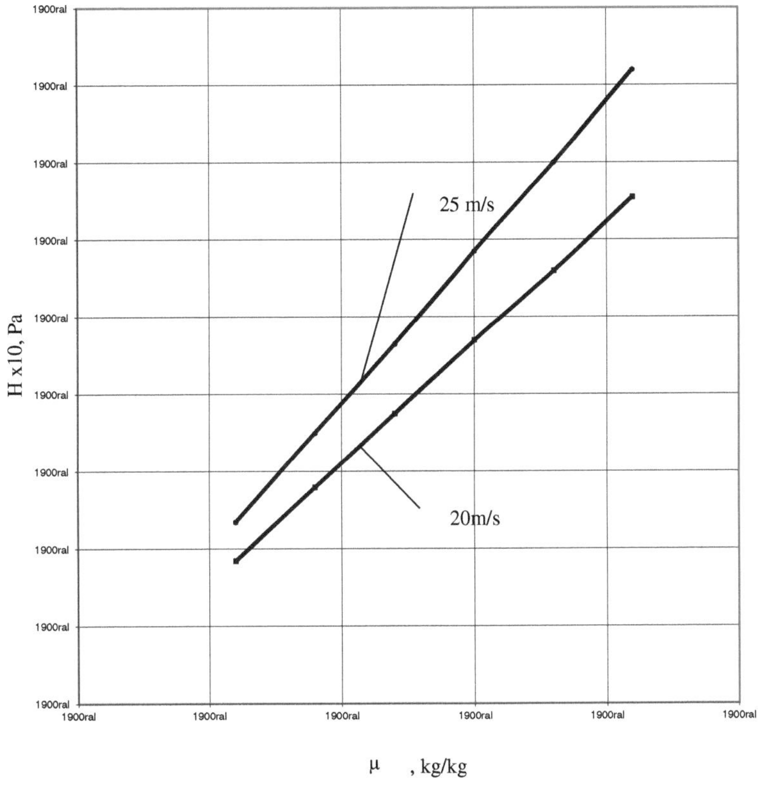

Fig. 2.4. Dependências experimentais da perda de pressão no ramo pneumático sobre a concentração da mistura aérea.

2.4. Fundamentação de formas de reduzir a intensidade energética das instalações de transporte pneumático de farinha - empresas de moagem

2.4.1. Redução do consumo de energia eléctrica para o transporte pneumático através da redução da velocidade da mistura aérea.

A velocidade de movimento dos produtos de moagem é decisiva para avaliar a perda de pressão nas condutas de produtos. Quanto maior for a velocidade dos produtos de moagem, maior é a perda de pressão, maior é a potência necessária para o desenvolvimento do motor eléctrico do ventilador para compensar este consumo.

As experiências realizadas pelo instituto de investigação científica de grãos sobre cereais e produtos de moagem mostraram que a taxa crítica de transporte não depende do consumo do produto, e é determinada apenas pela velocidade média da **suspensão** do material $\upsilon_{susp.\,m.}$ (1,5).

Contudo, na prática, a velocidade do ar calculada na conduta de material é tomada em 1,5 ... 1,7 vezes maior do que o valor crítico. Tal stock por velocidade tecnologicamente justifica-se numa unidade de transporte pneumático não regulada, quando se altera a produtividade do desenvolvimento da moagem do moinho ou **surgem** perturbações externas ou internas, aumenta a carga como condutas de produtos individuais separadas e a unidade de transporte pneumático como um todo . Ao mesmo tempo que aumenta a perda de pressão, diminui drasticamente a velocidade de transporte, a fim de evitar obstruções, reserva necessária por velocidade que determina a escolha de unidades de ventilação com uma reserva significativa por pressão e, consequentemente, por potência. E se neste caso em sobrecarga da instalação pneumática, o consumo específico de energia para o transporte de produtos de moagem diminui mesmo, então, com carga nominal ou inferior à nominal, este consumo aumenta significativamente.

Na fig. 2.5 são dadas as características aerodinâmicas da instalação de ventilação CD-30 e da unidade de transporte **pneumático**, calculadas com base nos resultados da investigação da subsecção 2.2. O ponto H corresponde à velocidade calculada necessária da mistura pneumática na conduta de materiais exigida pelas recomendações tecnológicas [60] [61] 21 m/s, o ponto V é reduzido em 2 m/s em relação à velocidade recomendada, e o ponto E é reduzido em 4 m/s. O ponto V corresponde à velocidade maior do que a calculada em 4 m/s. O ponto A corresponde ao regime da unidade de transporte pneumático com raridade não regulada no colector. Consequentemente, estes modos na Figura 2.6 e Figura 2.7 são mostrados os dados calculados da potência necessária no eixo do motor eléctrico e consumida a partir da **rede. Os** cálculos de potência (kW) no veio do motor foram feitos de acordo com a fórmula (2,15), e a quantidade de potência consumida da rede foi investigada com o **coeficiente de acção útil** do motor eléctrico igual a 0,9 com cargas nominais e maiores e igual a 0,8 com cargas menores do que a nominal [2].

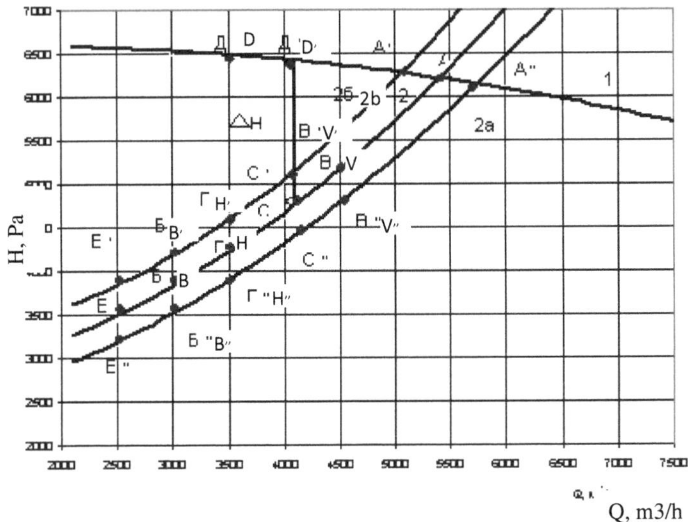

Fig. 2.5. Características aerodinâmicas da instalação de ventilação (1) e da rede pneumática (2) ao ajustar a produtividade do ventilador pela forma de estrangular o fluxo de ar no colector.

A curva 2 corresponde à carga nominal, 2a - 0,80 de carga nominal, e 2b - 1,20 de carga nominal (Fig. 2.5).

Neste caso, os gráficos da Figura 2.6 ilustram os modos de funcionamento mais racionais da unidade de transporte pneumático. Sob este nome serão compreendidos os modos em que a quantidade de electricidade que é consumida pela unidade de transporte pneumático tendo em conta a CUA do motor eléctrico corresponde exactamente à potência necessária no seu eixo para accionamento do ventilador centrífugo a várias velocidades de movimento de mistura especificadas nas linhas de produtos (pontos H, B, E). Estes valores de potência são calculados para (2,15) para Q e H, que é extraído do gráfico da Fig. 2.5 para os respectivos pontos. O ventilador não pode ter menor capacidade para realizar trabalhos de transporte de grãos e produtos de moagem em pontos específicos, pelo que estes dados são aceites como básicos (óptimos) e com eles no futuro serão comparados diferentes métodos de redução da intensidade energética da unidade de transporte pneumático.

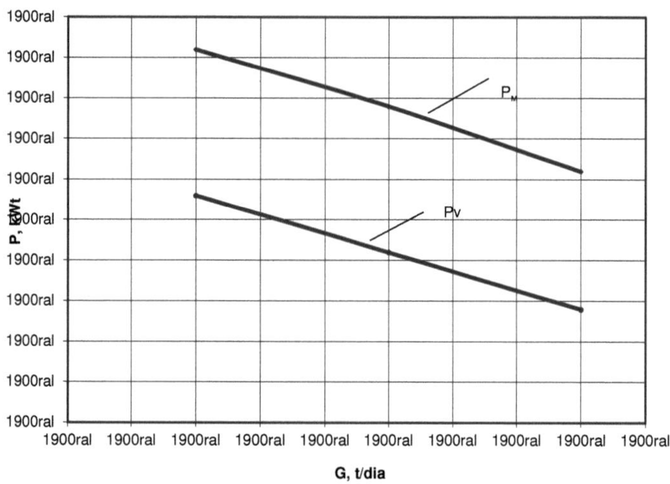

Fig. 2.6. Dependência do consumo de energia na carga da rede pneumática devido à ausência de regulação da rarefacção. P_M - potência consumida pelo motor, P_V- potência da instalação de ventilação

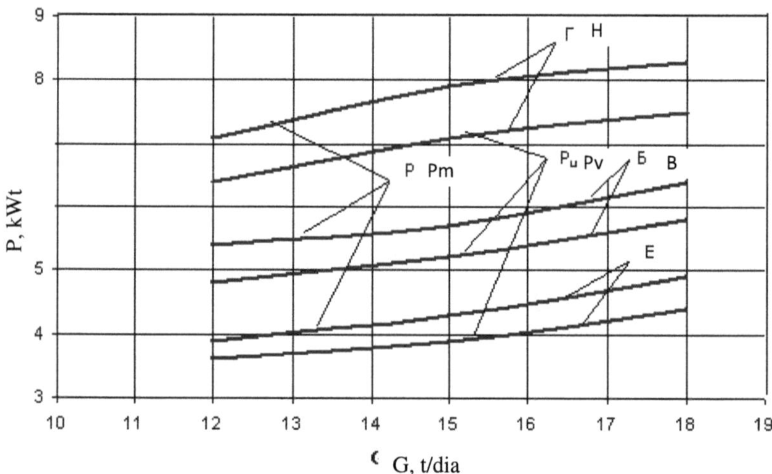

Fig. 2.7. Dependência do consumo de energia no carregamento da unidade de transporte pneumático a determinadas velocidades de movimento da mistura pneumática. P_M - a potência consumida pelo motor, P_V - a potência da instalação de ventilação.

Em todo o processo não regulamentado de transporte pneumático devido ao elevado stock na capacidade da instalação de ventilação, vamos para o modo de instalação aerodinâmica até ao ponto A - no carregamento nominal do departamento de moagem, ao ponto A '- quando sobrecarregado em 20% e ao ponto A''- em subcarga em 20%.

O gráfico (Figura 2.8) mostra que em comparação com o modo racional, quando a instalação funciona à velocidade estimada de transporte dos produtos triturados, o consumo de energia à carga nominal é 126% mais elevado (em comparação com o ponto H), quando a subcarga é 162%, e quando a sobrecarga é 106% mais elevada. Se compararmos o consumo de energia em modo não regulado com diferentes cargas (pontos A, A ', A), então quando estão sobrecarregados em 20% são mais baixos em 20,6%, enquanto que a subcarga é 20% mais elevada em 35,4% em comparação com a carga nominal.

A estimativa da mudança no consumo específico de energia foi feita pela expressão

$$K = \frac{PG_n}{P_n G},\qquad\qquad (2.25)$$

Onde: Gn e Pn - respectivamente, a produtividade (nominal) do moinho (no nosso caso, 15 t / dia) e consumida a esta potência pelo motor eléctrico do ventilador da rede;

G e P são a produtividade real do moinho e são consumidos a partir da potência líquida por instalação de ventilação.

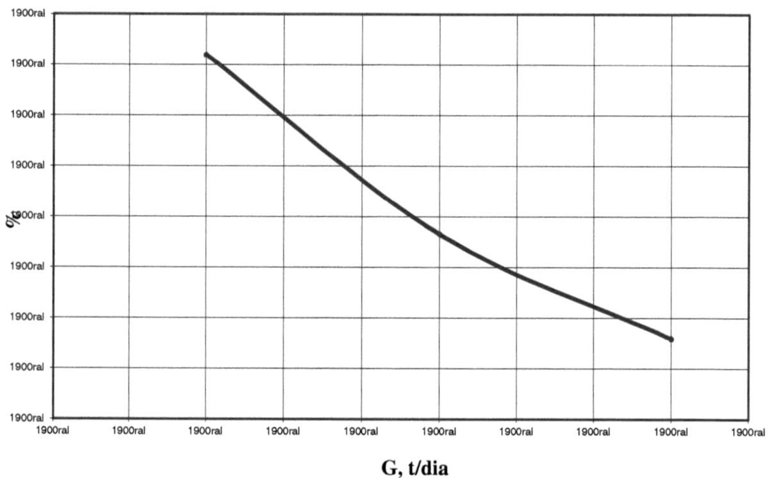

Fig. 2.8. Alteração da intensidade energética do transporte de produtos de moagem em relação ao modo racional de instalação pneumática com diferentes cargas

Assim, com esse stock por pressão e produtividade da instalação de ventilação, que tem lugar na instalação de transporte pneumático no moinho, do ponto de vista da eficiência energética em modos de raridade não regulados, é melhor trabalhar com sobrecarga se satisfizer a qualidade do processamento do produto. Enquanto a obstrução nos transportes pneumáticos é excluída, como quando se sobrecarrega em 20% (trabalho no ponto A '), o movimento de velocidade da **mistura aérea** em 6 m / s é superior ao calculado. O regime de raridade não regulado da unidade de transporte pneumático (ponto A) no rácio energético é ineficiente, uma vez que o consumo de energia para o transporte de produtos é 106-162% mais elevado, em comparação com o regime óptimo calculado (ponto H).

A fim de reduzir o consumo de electricidade para o transporte pneumático, os produtos de moagem de cereais são transferidos para um regime de raridade ajustável em função da carga das condutas de produtos. Considere este processo.

Ao mesmo tempo, iremos distinguir dois modos de transporte pneumático: estático e dinâmico. O modo estático de funcionamento da unidade de transporte pneumático é um modo em que a carga de cada uma das condutas pneumáticas corresponde à relação percentual da Tabela 2.1. Mudança de carga enquanto que em todo o departamento de moagem muda a carga de linhas de produtos individuais, mas a relação percentual da sua carga entre elas não muda.

O modo dinâmico de unidade de transporte pneumático surge como resultado da influência de flutuações internas ou externas de parâmetros, perturbações e leva a alterações na carga de linhas de produtos individuais, deixando a carga de outras aproximadamente no nível anterior.

Considerar a eficiência energética de várias formas de controlar a velocidade do momento e dos materiais através dos tubos de transporte pneumático nos modos acima mencionados.

2.4.2. Meios de redução da intensidade energética.

2.4.2.1. Ajuste da velocidade do ar no colector por meio de estrangulamento.

A velocidade do ar pode ser ajustada à pressão conhecida do ventilador criando uma resistência adicional, reduzindo desta forma a raridade após esta resistência e de acordo com a velocidade do ar. Através destes suportes adicionais de valor variável servem diferentes construções do **amortecedor,** que são chamados de acelerador, e o método de regulação da velocidade - estrangulamento. Nas unidades de ventilação do tipo CD - 30, o **amortecedor** do acelerador é desviado devido à mola, e o valor de declinação é regulado pelo típico calibre de calado diferencial. No arroz 2,5 é mostrada a diminuição da pressão ΔH no ponto C devido à introdução de resistência adicional ao fio de ar com o amortecedor do acelerador.

Pelos cálculos de acordo com o valor recomendado de velocidade nos fios de ar da instalação pneumática e carga nominal do departamento de moagem, o modo ideal de instalação pneumática (consumo mínimo de electricidade) é no ponto de H. O excesso de pressão é igual a HD '. O acelerador reduz o valor da pressão para ΔH e o funcionamento da instalação pneumática desloca-se para o ponto C. O coeficiente de estrangulamento ao mesmo tempo é igual:

$$Kt = \frac{H_{\partial'} - H_c}{H_{\partial} - H_h} \quad (2.26)$$

Para determinada instalação de acordo com os dados quantitativos da Fig. 2.5 e a expressão (2.26) $_{Kt}$ = 0.84. A alteração da **regulação** do indicador de calado diferencial pode funcionar nos modos ponto B e E com algum excesso de pressão. Com sobrecarga e subcarga em 20%, segundo o valor quantitativo do coeficiente de estrangulamento, a instalação funcionará, respectivamente, nos pontos C 'e C'.

Analisaremos nestes pontos (regimes) a intensidade energética do transporte de produtos de moagem.

Os valores da potência consumida pelo motor eléctrico da rede, tendo em conta a CUA e a carga do motor foram determinados pela expressão (2.15) e foram ilustrados pelos gráficos apresentados na Figura 2.9.

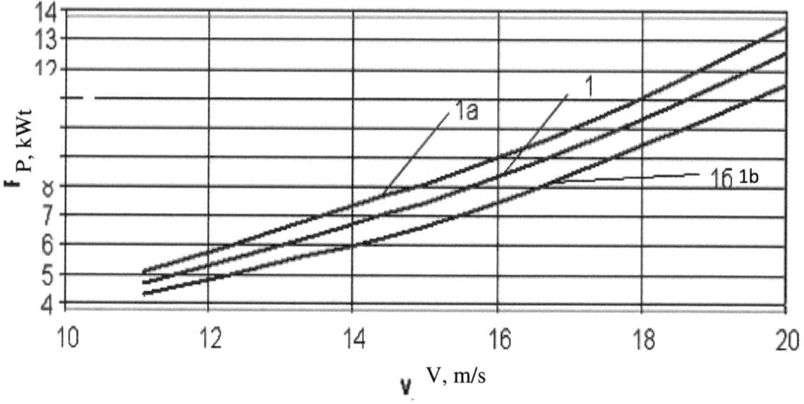

Fig. 2.9. Dependência do consumo de energia por instalação pneumática da velocidade de movimento da mistura pneumática durante a estrangulamento e carregamento: 1 - 100%; 1a - 120%; 1b - 80%

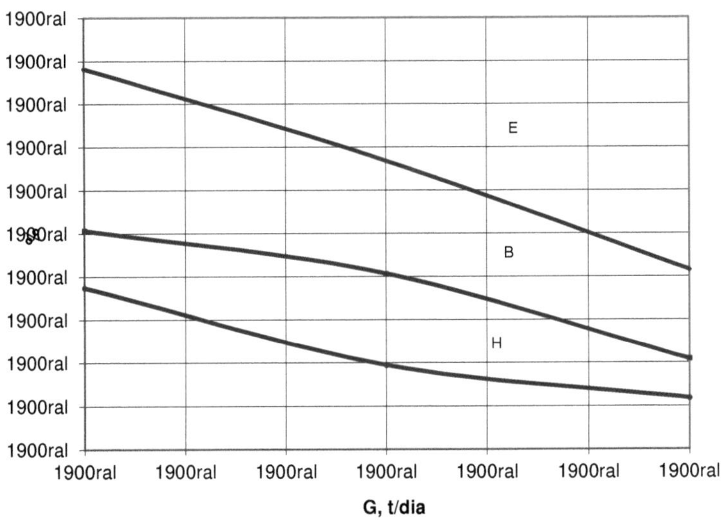

Fig. 2.10. Alteração da intensidade energética (%) do transporte de produtos de moagem sob modo racional do trabalho de instalação de transporte no carregamento

A análise dos dados desta posição mostra que a regulação por **amortecedor de** estrangulamento (ponto c) em comparação com a raridade não regulada (ponto a) permite: com carga nominal, reduzir a intensidade energética do produto em 17%. Mas sob estrangulamento, como se pode ver na figura 2.10, o consumo específico de electricidade em comparação com o modo óptimo em 51,8-128 por cento é maior.

2.4.2.2. Ajuste da velocidade do ar no colector através do ajuste da frequência de rotação do ventilador.

A fim de regular a frequência de rotação de um motor eléctrico assíncrono produziu hoje uma vasta gama de transdutores de voltagem de frequência com a ajuda dos quais a velocidade dos motores eléctricos pode ser ajustada de zero para o valor nominal.

Se os valores x e y estiverem relacionados com a dependência funcional $y = f(x)$ e for necessário determinar o seu aparecimento pelos dados da experiência, então utilizar o método **dos mínimos quadrados**. Em que a melhor equação de regressão dá a função da classe que é **considerada**, e para a qual a soma dos desvios dos quadrados

$$\Phi = \sum_{i=1}^{n}[y_i - f(x_i)]^2 = \min. \quad (2.27)$$

O problema da aparência geral é resolvido da seguinte forma. Escreveremos y em função não só do argumento x mas também de alguns parâmetros desconhecidos $_{bi}$ (i = 0,1,2, ...), **PORTANTO Y = F(XI, B0, B1, B2,** ...). É preciso escolher os coeficientes bi (i = 0, 1, 2, ...) para que se realize o seguinte:

$$\Phi = \sum_{i=1}^{n}[y_i - f(x_i b_0, b_1, b_2, ...)]^2 = \min \quad (2.28)$$

A condição necessária para o mínimo da função ϕ (b0, b1, b2, ...) é a implementação da igualdade:

$$\frac{\partial \Phi}{\partial b_0} = \frac{\partial \Phi}{\partial b_1} = \frac{\partial \Phi}{\partial b_2} = ... = 0 \qquad (2.29)$$

ou:

$$\sum_{i=1}^{n} 2[y_i - f(x_i b_0, b_1, b_2, ...)]\frac{\partial f(x_i)}{\partial b_0} = 0$$

$$\sum_{i=1}^{n} 2[y_i - f(x_i b_0, b_1, b_2, ...)]\frac{\partial f(x_i)}{\partial b_1} = 0 \qquad (2.30)$$

$$\sum_{i=1}^{n} 2[y_i - f(x_i b_0, b_1, b_2, ...)]\frac{\partial f(x_i)}{\partial b_2} = 0$$

O sistema de equações (2.30) tem tantas equações quantos coeficientes desconhecidos b0, b1, b2, ... Para **resolver** o sistema (2.30), que é chamado sistema de equações normais na forma geral é impossível, pois é necessário dar uma forma específica da função y. O valor de $\geq \Phi$ 0 para qualquer b0, b1, b2, ..., há pelo menos um mínimo. Portanto, se o sistema de equações normais tiver uma única solução, então é o mínimo para o valor de Φ. Na prática, os três casos mais frequentes ocorrem: quando a função f é linear, é expressa por um polinómio de segunda ordem (parábola) e sob a forma de regressão múltipla [71], [72], [73].

Com base no acima exposto e no tipo de características experimentais, a característica aerodinâmica do ventilador é determinada pela seguinte expressão analítica:

$$H_{\scriptscriptstyle в} = -a_{\scriptscriptstyle в} Q^2 + b_{\scriptscriptstyle в} n_{\scriptscriptstyle в} Q + c_{\scriptscriptstyle в} n^2_{\scriptscriptstyle в}, \qquad (2.31)$$

Onde: $a_в, b_в, CB$ - coeficientes constantes, que dependem do desenho do ventilador;

$n_в$ - frequência de rotação da **roda de trabalho do ventilador** em **rpm**;

$H_В$ - pressão do ventilador Pa;

P - Taxa de ar, ^{m3} / s.

Determinamos os coeficientes $a_в, b_в, c_в$ a partir do sistema de equações:

$$\begin{cases} a_{\scriptscriptstyle в} \sum Q_i^4 + b_{\scriptscriptstyle в} \sum Q_i^3 n_i + c_{\scriptscriptstyle в} \sum Q_i^2 n_i^2 = \sum H_i Q_i^2 \\ a_{\scriptscriptstyle в} \sum Q_i^3 n_i + b_{\scriptscriptstyle в} \sum Q_i^2 n_i^2 + c_{\scriptscriptstyle в} \sum Q_i n_i^3 = \sum H_i Q_i n_i \\ a_{\scriptscriptstyle в} \sum Q_i^2 n_i^2 + b_{\scriptscriptstyle в} \sum Q_i n_i^3 + c_{\scriptscriptstyle в} \sum n_i^4 = \sum H_i n_i^2 \end{cases} \qquad (2.32)$$

Com base em [39] e expressões (2.31, 2.32), com a ajuda do pacote de **programas** do Mathcad no computador pessoal, as características aerodinâmicas do ventilador tipo CD -30 (Fig. 2.11 curva 1) foram aproximadas por dependência

$$H_{\scriptscriptstyle в} = -4.105 \cdot 10^{-5} \cdot Q^2 + 8.417 \cdot 10^{-5} \cdot Q \cdot n + 7.272 \cdot 10^{-4} \cdot n^2 \ , (2.33)$$

A verificação da adequação da equação é levada a cabo com a ajuda do critério de Fisher. A adequação tomará o seu lugar quando a desigualdade for realizada:

$$F = \frac{S_{ad}^2}{S_y^2} \le F(0.05; f_{ad}; f_y) \qquad (2.34)$$

onde: S_{ad}^2 - a dispersão da adequação;

$F = (0.05; f_{ad}; f_y)$ - O critério de Fischer é de 5% de significância;

f_{ad} - número de graus de dispersão livre de adequação;

f_y - número de graus de dispersão livre de reprodutibilidade

No método feito acima para determinar a adequação do modelo matemático de funcionamento da instalação de ventilação, o valor critério de Fisher é igual a **0, 27 <F (0,05; 1; 8) = 5,318**. O modelo matemático descreve adequadamente o funcionamento da instalação de ventilação.

Com a ajuda desta dependência, foram seleccionadas as seguintes velocidades de rotação do ventilador para que a sua característica aerodinâmica passasse através dos pontos, o que corresponde aos modos **H,B i E** (рис. 2.11)

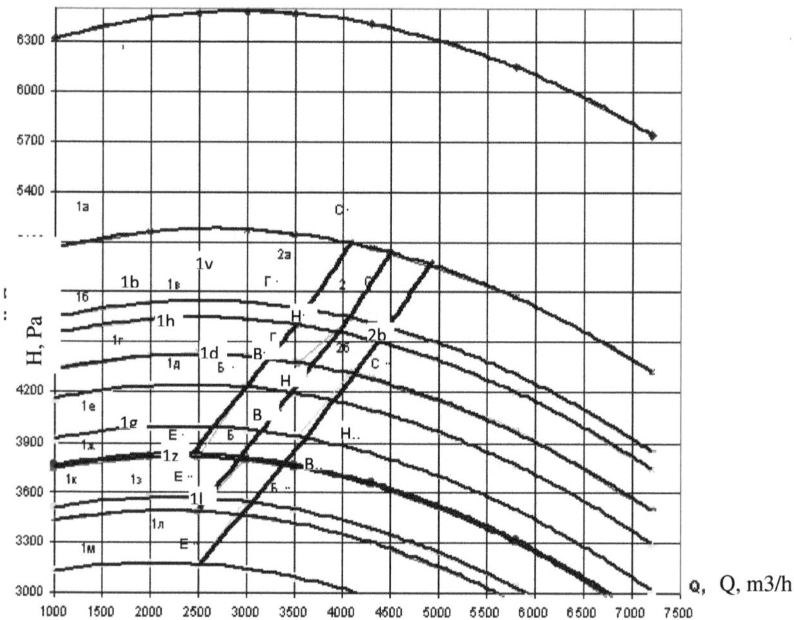

Fig. 2.11. Características aerodinâmicas da unidade de ventilação (1) e da rede pneumática (2) ao ajustar a produtividade do ventilador através da variação da velocidade de rotação/

Neste caso, a curva 1 corresponde à velocidade de rotação do motor eléctrico 2900 rpm, 1a - 2592 rpm., 1b - 2482 rpm., 1v - 2452 rpm.., 1h - 2399 об./x rpm ., 1d - 2396 rpm., 1e - 2347 rpm., 1g - 2277 rpm., 1z - 2230 rpm., 1к - 2225 rpm., 1l - 2152 rpm., 1м - 2128 rpm., 1n - 2031 rpm,

Gráficos de dependências do arroz. 2.11 mostram que em diferentes cargas de material pipeline e diferentes velocidades de ar nas mesmas, aparecem certas perdas de pressão e de consumo de ar na rede pneumática. Para compensar estas perdas, é necessário que a frequência de rotação do ventilador corresponda a certos valores.

Isto é, com a alteração destes indicadores, a frequência de rotação do ventilador deve ser alterada em conformidade.

De acordo com a expressão (2.15) e fig. 2.11, a unidade de ventilação em funcionamento cria valores aumentados de pressão e de consumo de ar e, de acordo com ela, consome mais electricidade que é necessária para realizar o processo tecnológico. Portanto, do ponto de vista da poupança energética, substituir o ventilador do tipo CD-30 por um ventilador de alta pressão do tipo VD №4 com motor eléctrico de accionamento com potência de 7,5 kW, o **ventilador** anterior **accionado em movimento** por motor eléctrico com potência de 11 kW.

Ao comparar a intensidade energética da unidade de transporte pneumático ao ajustar a velocidade do movimento do ar na mesma por meio de estrangulamento e velocidade da unidade de ventilação com carga variável da tubagem de material, é evidente que no primeiro método, a intensidade energética é maior numa média de 30%, o que é ilustrado pela Figura 2.12.

Uma vez que a regulação da frequência é possível alcançar a cua do motor eléctrico igual a 0,9, então esse ajuste corresponde aos modos mais racionais de funcionamento da instalação de ventilação.

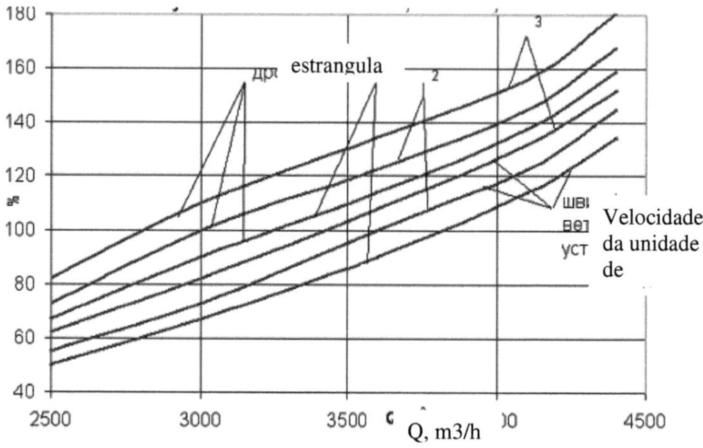

2.12. A dependência da intensidade energética da instalação pneumática da produtividade da unidade de ventilação com diferentes formas de controlar a velocidade do fluxo de ar e a sua carga variável: 1 - 80%; 2 a 100%; 3 - 120%.

Assim, com base em pesquisas analíticas e experimentais de índices energéticos de transporte pneumático de produtos de empresas de moagem de farinha, é estabelecido:

- na concepção de equipamento de transporte pneumático instalado com potência excessiva de motores eléctricos **accionados tendo em conta** os coeficientes da reserva Ks = 1,25;

- o crescimento da concentração da mistura aérea de 0,6 a 2,1 kg / kg à velocidade de movimento que 20 m / s provoca a perda de pressão na tubagem de material de 400 a 1300 Pa;

- o crescimento da velocidade do agente portador de 11 para 20 m/s e a carga nominal da rede pneumática aumenta o consumo de energia de 4,7 kW para 12,5 kW;

- o consumo de energia por motor eléctrico em modo não regulado excede em 126% a potência que consumia o motor em modo racional e em 30,5% quando regulado por meio de estrangulamento do fluxo de ar;

- para regular a velocidade do movimento do ar nas condutas de material mais apropriado do ponto de vista da poupança de energia, alterando a frequência de rotação do ventilador, uma vez que a alteração da frequência de rotação da unidade de ventilação pode prosseguir em modos racionais de funcionamento da rede pneumática.

3. MODELOS MATEMÁTICOS E O RACIOCÍNIO DOS MODOS DE FUNCIONAMENTO DO SISTEMA DE TRANSPORTE PNEUMÁTICO ENERGETICAMENTE EFICIENTES

3.1. Observações gerais

A fim de investigar a dinâmica do processo de **transporte pneumático** de cereais e produtos da sua moagem nas empresas de moagem de farinha, que **influencia os** índices energéticos do moinho, é necessário utilizar tecnologia informática. Usando o computador pessoal (PC) e o **programa** relacionado, assegurando que pode reproduzir de forma fiável vários modos físicos de trabalho da unidade pneumática do moinho. Para tal, é necessário desenvolver um modelo matemático de dinâmica da rede pneumática de moinho e com a ajuda do programa de aplicação "MATLAB", criar um modelo de imitação. Utilizando o modelo de simulação, realizar pesquisas sobre o tema da energia e indicadores tecnológicos do **transporte pneumático de** produtos das empresas de moagem de farinha. Com base em investigações conduzidas para fundamentar o funcionamento de modos energeticamente eficientes de transporte pneumático de cereais e produtos da sua moagem num exemplo de moinho do tipo P6 - AVM - 15.

3.2. Modelo matemático da dinâmica do processo de **transporte pneumático**

Existem hoje modelos matemáticos de dinâmica do processo de **transporte pneumático** de cereais e dos seus produtos de moagem simplificados e, na maioria dos casos, a sua descrição não corresponde aos fenómenos reais que surgem durante o funcionamento do moinho, devido à complexidade do processo e ao impacto de vários distúrbios aleatórios. Portanto, para considerar o funcionamento da rede pneumática no modo dinâmico, é necessário desenvolver modelos matemáticos baseados na modelação por computador. A utilização de sistemas informáticos permitirá a reprodução da realidade do processo de transporte e investigá-lo sobre o tema do consumo de energia.

A este respeito, é necessário realizar o estudo da dinâmica dos sistemas indicados, utilizando novas abordagens matemáticas e de hardware, o que dará a oportunidade de construir de forma mais racional sistemas de regulação de modos de alta velocidade do processo de transporte pneumático de grãos e produtos da sua moagem.

A pesquisa de modos de operação de sistemas electromecânicos com utilização de modelos físicos também tem carácter aproximado, uma vez que a realização física de funções de carga aleatória é complicada. Por conseguinte, o método mais eficaz de optimização de sistemas electromecânicos com qualquer perturbação nos seus canais é a modelação matemática.

Nos últimos anos, na prática do desenvolvimento científico-investigador, os computadores pessoais são amplamente implementados, o que levou a um maior desenvolvimento da modelação digital de sistemas electromecânicos. Até à data, foram desenvolvidos grandes números de pacotes matemáticos, com a ajuda de sistemas de engenharia de modelos de bruxas, incluindo os electromecânicos. Um destes pacotes é o LABVIEN - complexo de focalizado em objectos locais em tecnologia. Permite optimizar os modos de funcionamento e demonstrar resultados, graças às suas bibliotecas. Nas bibliotecas de sistemas LABVIEN estão a manter módulos base dos quais os objectos são recolhidos pelo utilizador.

Características semelhantes estão disponíveis no pacote Math Connex no ambiente MATHCAD ("Mathsoft").

Conveniente para o utilizador que desenvolve e pesquisa modelos de sistemas electromecânicos, pacotes matemáticos DERIVE ("Soft Warehouse"), EUREKA ("Borland"), MATHCAD ("Mathsoft"), MATLAB ("Mathwork").

Os pacotes listados acima apoiam as funções aritméticas e trigonométricas habituais, resolvendo equações, trabalhando com números complexos, definindo integrais, calculando derivados, funções de alisamento e operações matriciais, transformação de Fourier e funções de Bessel, possibilidade com a ajuda de comandos especiais para representar os resultados dos cálculos em forma gráfica.

A eficiência da utilização de diferentes pacotes para modelagem de sistemas electromecânicos pode ser estimada por critérios de matemática computacional, sendo os principais a universalidade, a linguagem de modelagem, a facilidade de utilização e a perspectiva do conceito.

A universalidade dos modelos é determinada pela sua exaustividade, que é avaliada pela possibilidade de descrição versátil do objecto, hierarquia, ou seja, a capacidade de determinação consistente, algorítmica das regularidades e características do seu comportamento; exaustividade; alta produtividade e fiabilidade.

A perspectiva do conceito de ambiente de simulação é expressa na única abordagem à formulação e solução de tarefas. O moderno sistema de modelação é impossível sem a capacidade de reestruturação, prontidão para mudar as condições, de exploração sem os meios de optimizar a sua configuração tendo em conta o desenvolvimento do objecto. Em geral, a autoridade do construtor desempenha um papel extremamente importante do ponto de vista da perspectiva da direcção de modelação escolhida.

Quanto à linguagem de modelagem, aqui merecem atenção os modelos que estão a ser construídos com o envolvimento de pacotes de programas de aplicação de fabricantes conhecidos.

Facilidade de utilização esta é uma avaliação integrada que caracteriza a disponibilidade e simplicidade do sistema de modelação, a sua atractividade para o mestre (a disponibilidade de meios de referência situacional, a suficiência de referência); localização, ou seja, a capacidade de comunicar na língua nacional.

As soluções de modelação universais, com tudo incluído, só são eficazes no caso de dependerem de equipas de programadores tradicionalmente fortes, que se desenvolvem com confiança, que fornecem o seu apoio e actualização garantidos em linha com as modernas tecnologias de informação e a prática de sistemas electromecânicos.

Avaliando com a ajuda do acima mencionado estes critérios dos sistemas informáticos de modelação matemática, deve definitivamente ser dada prioridade ao pacote Mat LAB.

As principais vantagens do Mat LAB são as seguintes [82]:

- O sistema Mat LAB é especialmente criado para cálculos de engenharia adequados: o dispositivo matemático está extremamente próximo do moderno aparelho de um engenheiro e cientista; a representação gráfica das dependências funcionais aqui é organizada na forma exigida pela documentação de engenharia;

-a linguagem de programação do sistema Mat LAB é simples, próxima da linguagem Basic;

- O Mat LAB é um sistema aberto que o utilizador pode expandir a sua própria discrição criada pelos seus programas e procedimentos.

-a conveniência tanto para a compilação dos seus próprios programas individuais, como para a utilização das capacidades computacionais do sistema no modo de uma calculadora científica extremamente poderosa;

- As últimas versões Mat LAB são integradas com o processador de texto Word.

O pacote Mat LAB leva à perfeição a criação de modelos digitais de sistemas electromecânicos. No entanto, nele, a versão 5.2 não alcançou uma das vantagens significativas da máquina de cálculo analógico - a clareza e a possibilidade de interferência operacional no processo de modelação. Em muitas tarefas práticas, a curiosidade por vezes representa não tanto a avaliação quantitativa da eficácia do sistema, mas o seu comportamento na situação em questão. Para tal observação, o investigador deve ter "janelas de inspecção" apropriadas que possam ser fechadas quando for necessário, deslocadas para outro local, alterar a escala e a forma de apresentação das características observadas, e sem esperar pelo fim da actual experiência de modelo

A realização de tais características na linguagem de programação universal nos pacotes acima mencionados é complicada.

No entanto, hoje em dia, no mercado ucraniano da tecnologia informática aparecem novas versões 6.1 e 6.2 do Mat LAB que resolvem o problema acima mencionado. Estas versões incluem na sua composição o instrumento de modelação visual Simulink [83].

SIMULINK é o pacote de programas para a construção de modelos, modelação e análise de sistemas dinâmicos. Para construir o modelo como esquema estrutural com a utilização do rato Simulink introduz a interface gráfica do utilizador (GUI) . Com esta interface é possível criar um modelo tão fácil como utilizar uma caneta num pedaço de papel.

Simulink inclui o conjunto completo de bibliotecas de blocos necessários para criar um modelo: dispositivos de visualização e geradores de sinais, componentes discretos, lineares e não lineares, e blocos de ligação.

Os modelos podem ser hierárquicos, ou seja, incluir subsistemas sob a forma de um bloco. Neste caso, o duplo clique do rato sobre o bloco do subsistema abre o conteúdo deste subsistema (nível inferior da hierarquia).

Após a construção do modelo pode ser modulado utilizando vários métodos de integração de equações diferenciais, a partir do menu Simulink, assim a partir da linha de comando Mat LAB. Usando o bloco Scope ou outras unidades de visualização pode olhar através dos resultados da modulação durante a realização das pesquisas. Os resultados da modulação podem ser transferidos para o Mat LAB para processamento e visualização.

A nomeação e as oportunidades dos blocos de divisão da biblioteca Simulink estão suficientemente descritas em [83].

Com base em [76], foi desenvolvido o modelo matemático não linear de dinâmica do processo de transporte pneumático de moinho tipo P6 - ABM - 15 através do canal "consumo de material - consumo de ar".

Na modelação procedeu-se a partir dos seguintes pressupostos: a mistura de transporte é um fluxo de dois componentes, o movimento do fluxo de dois componentes é considerado como o movimento do sistema mecânico de pontos materiais; a massa do sistema mecânico é igual à soma da massa dos pontos materiais; as forças internas da interacção dos pontos materiais estão ausentes; o centro de inércia do sistema é tomado como o ponto em que se concentra toda a massa do sistema; o vector principal das forças externas que actuam sobre o sistema é aplicado ao centro de inércia do sistema; o fluxo de ar de transporte - quase homogéneo; o material que é transportado - monodispersão; o processo de transporte pneumático é considerado como um objecto com parâmetros concentrados.

A massa do fluxo de dois componentes de **Mt.** $_f$ (kg) que se move nas condutas de material pode ser expressa através da fórmula [76]:

$$M_{t.f.} = (F_{m.}\rho - \frac{G\rho}{\rho_M V_M} + \frac{G}{V_M})L_M \quad (3.1)$$

onde: **Fm.** - área da secção transversal do material pipeline, ^{m2};

ρ_M. - densidade específica do material, kg / ^{m3};

G_M - consumo de material, kg / s;

ρ_n. - densidade específica do ar, kg / ^{m3};

V_M. - velocidade média de fluxo de material, m / s;

L_M. - o comprimento do material pipeline, m.

Devido ao facto de a densidade do material ser em duas ordens superior à densidade do ar, então na equação (3.1) $\dfrac{G\rho_{n.}}{\rho_{_M}V_{_M}}$ o valor não pode ser tido em conta.

A equação da quantidade de movimento do fluxo de dois componentes no transportador pneumático derivada na base do teorema sobre a mudança do número de movimentos do sistema que pode ser representada pela seguinte expressão:

$$F_{m.}\rho_{n.}L_{_M}\frac{dV}{dt} + \frac{G}{V_{_M}}L_{_M}\frac{dV_{_M}}{dt} = S_f \quad (3.2)$$

onde: V - velocidade média do fluxo de ar, m / s;

Sf - o principal vector de forças externas.

Na primeira aproximação é aceite

$$V_{_M} = k_{_K}V \quad (3.3)$$

onde: $_{кк}$ - coeficiente de escorregamento do fluxo de ar e material.

Quando aplicada ao transporte pneumático, a mudança da quantidade de movimento do fluxo de dois componentes pode ser representada como uma equação diferencial não linear:

$$a_{\partial}\frac{dQ}{dt} = H_{в} - H_{n} \quad (3.4)$$

onde: a_{∂} - o coeficiente total de perdas dinâmicas;

$H_{в}$ - característica do ventilador Pa ;

Hп - característica do transportador pneumático Pa;

P - consumo de ar, ^{m3} / s.

A característica aerodinâmica do ventilador do tipo VD №4 foi aproximada com base em [77] com a ajuda de expressões (2.31, 2.32) e do pacote do programa Mathcad no computador pessoal por dependência:

$$H = -296.343\cdot Q^{2} + 0.135\cdot Q\cdot n + 3.64\cdot 10^{-5}\cdot n^{2} \quad (3.5)$$

Após substituir todos os valores das perdas de pressão calculados na secção 2 em expressão (3.4) obteremos a equação da dinâmica da instalação pneumática, por um ramo pneumático

$$a_\partial \frac{dQ}{dt} + AQ^2 + A_1 Q^{1.75} + BG_{_M}Q + EGQ^{-1} = -a__6 Q^2 + b__6 n__6 Q + c__6 n^2_{_6} \quad (3.6)$$

onde: $a\partial,_{A,}A1,B,_{E,a_6,b_6,}$CB - const.

Com base nas expressões (1.36-1.45), derivaremos as fórmulas de cálculo dos coeficientes da equação (3.6)

ад - o coeficiente de perdas dinâmicas é determinado pela expressão:

$$a_\partial = \frac{\rho \cdot L}{F} + \frac{G \cdot L}{\upsilon \cdot F} \; ; \quad (3.7)$$

onde: ρ - densidade do ar, kg / ^{m3};

L - comprimento do tubo do material, m;

G - consumo de material, kg / s;

F - área transversal de material pipeline, ^{m2};

υ - velocidade média do fluxo de ar, m / s.

A - perda de resistência local:

$$A = \xi \cdot \frac{\rho}{2 \cdot g \cdot F^2} \; ; \quad (3.8)$$

onde: ξ - o coeficiente de consumos locais.

A1 - Perda de pressão no transporte da mistura

$$A_1 = 0.0013 \cdot \frac{L}{D^{1.25} \cdot F^{1.75}} \; ; \quad (3.9)$$

onde: D - diâmetro da tubagem do material, m.

$$B = \left(\frac{1.25}{gF^2} + \frac{0.0037L}{gDF^2} \right) \; ; \quad (3.10)$$

$$E = L \quad (3.11)$$

Assim, como a unidade pneumática do moinho tem onze ramos pneumáticos, então a expressão (3.6) vai parecer-se com

$$a_{\partial 1}\frac{dQ_1}{dt} + A_1 Q_1^2 + A_{11} Q_1^{1,75} + B_1 G_1 Q_1 + E_1 G_1 Q_1^{-1} = -a_\text{в}\left[\sum_{i=1}^{11} Q_i\right]^2 + b_\text{в} n_\text{в} \sum_{i=1}^{11} Q_i + c_\text{в} n_\text{в}^2$$

$$a_{\partial 2}\frac{dQ_2}{dt} + A_2 Q_2^2 + A_{12} Q_2^{1,75} + B_2 G_2 Q_2 + E_2 G_2 Q_2^{-1} = -a_\text{в}\left[\sum_{i=1}^{11} Q_i\right]^2 + b_\text{в} n_\text{в} \sum_{i=1}^{11} Q_i + c_\text{в} n_\text{в}^2$$

$$a_{\partial 3}\frac{dQ_3}{dt} + A_3 Q_3^2 + A_{13} Q_3^{1,75} + B_3 G_3 Q_3 + E_3 G_3 Q_3^{-1} = -a_\text{в}\left[\sum_{i=1}^{11} Q_i\right]^2 + b_\text{в} n_\text{в} \sum_{i=1}^{11} Q_i + c_\text{в} n_\text{в}^2$$

$$a_{\partial 4}\frac{dQ_4}{dt} + A_4 Q_4^2 + A_{14} Q_4^{1,75} + B_4 G_4 Q_4 + E_4 G_4 Q_4^{-1} = -a_\text{в}\left[\sum_{i=1}^{11} Q_i\right]^2 + b_\text{в} n_\text{в} \sum_{i=1}^{11} Q_i + c_\text{в} n_\text{в}^2$$

$$a_{\partial 5}\frac{dQ_5}{dt} + A_5 Q_5^2 + A_{15} Q_5^{1,75} + B_5 G_5 Q_5 + E_5 G_5 Q_5^{-1} = -a_\text{в}\left[\sum_{i=1}^{11} Q_i\right]^2 + b_\text{в} n_\text{в} \sum_{i=1}^{11} Q_i + c_\text{в} n_\text{в}^2$$

$$a_{\partial 6}\frac{dQ_6}{dt} + A_6 Q_6^2 + A_{16} Q_6^{1,75} + B_6 G_6 Q_6 + E_6 G_6 Q_6^{-1} = -a_\text{в}\left[\sum_{i=1}^{11} Q_i\right]^2 + b_\text{в} n_\text{в} \sum_{i=1}^{11} Q_i + c_\text{в} n_\text{в}^2$$

$$a_{\partial 7}\frac{dQ_7}{dt} + A_7 Q_7^2 + A_{17} Q_7^{1,75} + B_7 G_7 Q_7 + E_7 G_7 Q_7^{-1} = -a_\text{в}\left[\sum_{i=1}^{11} Q_i\right]^2 + b_\text{в} n_\text{в} \sum_{i=1}^{11} Q_i + c_\text{в} n_\text{в}^2$$

$$a_{\partial 8}\frac{dQ_8}{dt} + A_8 Q_8^2 + A_{18} Q_8^{1,75} + B_8 G_8 Q_8 + E_8 G_8 Q_8^{-1} = -a_\text{в}\left[\sum_{i=1}^{11} Q_i\right]^2 + b_\text{в} n_\text{в} \sum_{i=1}^{11} Q_i + c_\text{в} n_\text{в}^2$$

$$a_{\partial 9}\frac{dQ_9}{dt} + A_9 Q_9^2 + A_{19} Q_9^{1,75} + B_9 G_9 Q_9 + E_9 G_9 Q_9^{-1} = -a_\text{в}\left[\sum_{i=1}^{11} Q_i\right]^2 + b_\text{в} n_\text{в} \sum_{i=1}^{11} Q_i + c_\text{в} n_\text{в}^2$$

$$a_{\partial 10}\frac{dQ_{10}}{dt} + A_{10} Q_{10}^2 + A_{110} Q_{10}^{1,75} + B_{10} G_{10} Q_{10} + E_{10} G_{10} Q_{10}^{-1} = -a_\text{в}\left[\sum_{i=1}^{11} Q_i\right]^2 + b_\text{в} n_\text{в} \sum_{i=1}^{11} Q_i + c_\text{в} n_\text{в}^2$$

$$a_{\partial 11}\frac{dQ_{11}}{dt} + A_{11} Q_{11}^2 + A_{111} Q_{11}^{1,75} + B_{11} G_{11} Q_{11} + E_{11} G_{11} Q_{11}^{-1} = -a_\text{в}\left[\sum_{i=1}^{11} Q_i\right]^2 + b_\text{в} n_\text{в} \sum_{i=1}^{11} Q_i + c_\text{в} n_\text{в}^2$$

$$(3.12)$$

Tendo em conta a expressão (3.12) e os valores dos coeficientes calculados por fórmulas (3.7-3.11), as equações diferenciais que descrevem os transportadores pneumáticos em condições iniciais:

$$Q_1^0 = 0.075 м^3 / c; .Q_2^0 = 0.075 m^3 / s;$$
$$Q_3^0 = 0.075 м^3 / c; Q_4^0 = 0.075 m^3 / s;$$
$$Q_5^0 = 0.075 м^3 / c; Q_6^0 = 0.1 m^3 / s;$$
$$Q_7^0 = 0.1 м^3 / c; Q_8^0 = 0.1 m^3 / s;$$
$$Q_9^0 = 0.096 м^3 / c; Q_{10}^0 = 0.096 m^3 / s;$$
$$Q_{11}^0 = 0.096 m^3 / s;$$

Será como se parecesse:

$$
\begin{aligned}
(Q_1 \cdot 4.26 + G_1 \cdot 3.55) \cdot \frac{dQ_1}{dt} &= -296.343\left[\sum_{i=1}^{11} Q_i\right]^2 + 0.135 \cdot n_s \cdot \sum_{i=1}^{11} Q_i + 3.64 \cdot 10^{-5} \\
&\cdot n_s^2 \cdot Q_1 - 65806.5 \cdot Q_1^3 - 23333 \cdot G_1^{1.067} \cdot Q_1^2 - 6.24 \cdot G_1^{0.983} - 6113 \cdot Q_1^{1.75} \cdot Q_1
\end{aligned}
$$

$$
\begin{aligned}
(Q_2 \cdot 3.78 + G_2 \cdot 3.15) \cdot \frac{dQ_2}{dt} &= -296.343\left[\sum_{i=1}^{11} Q_i\right]^2 + 0.135 \cdot n_s \cdot \sum_{i=1}^{11} Q_i + 3.64 \cdot 10^{-5} \\
&\cdot n_s^2 \cdot Q_2 - 68709.6 \cdot Q_2^3 - 21551 \cdot G_2^{1.067} \cdot Q_2^2 - 5.69 \cdot G_2^{0.983} - 5424 \cdot Q_2^{1.75} \cdot Q_2
\end{aligned}
$$

$$
\begin{aligned}
(Q_3 \cdot 4.02 + G_3 \cdot 3.35) \cdot \frac{dQ_3}{dt} &= -296.343\left[\sum_{i=1}^{11} Q_i\right]^2 + 0.135 \cdot n_s \cdot \sum_{i=1}^{11} Q_i + 3.64 \cdot 10^{-5} \\
&\cdot n_s^2 \cdot Q_3 - 68709.6 \cdot Q_3^3 - 18760.6 \cdot G_2^{1.067} \cdot Q_3^2 - 7.08 \cdot G_3^{0.983} - 5768 \cdot Q_3^{1.75} \cdot Q_3
\end{aligned}
$$

$$
\begin{aligned}
(Q_4 \cdot 4.68 + G_4 \cdot 3.9) \cdot \frac{dQ_4}{dt} &= -296.343\left[\sum_{i=1}^{11} Q_i\right]^2 + 0.135 \cdot n_s \cdot \sum_{i=1}^{11} Q_i + 3.64 \cdot 10^{-5} \\
&\cdot n_s^2 \cdot Q_4 - 60967.7 \cdot Q_4^3 - 22340 \cdot G_4^{1.067} \cdot Q_4^2 - 7.69 \cdot G_4^{0.983} - 6715 \cdot Q_4^{1.75} \cdot Q_4
\end{aligned}
$$

$$
\begin{aligned}
(Q_5 \cdot 4.92 + G_5 \cdot 4.1) \cdot \frac{dQ_5}{dt} &= -296.343\left[\sum_{i=1}^{11} Q_i\right]^2 + 0.135 \cdot n_s \cdot \sum_{i=1}^{11} Q_i + 3.64 \cdot 10^{-5} \\
&\cdot n_s^2 \cdot Q_5 - 60677.4 \cdot Q_5^3 - 23286 \cdot G_5^{1.067} \cdot Q_5^2 - 8 \cdot G_5^{0.983} - 7060 \cdot Q_5^{1.75} \cdot Q_5
\end{aligned}
$$

$$
\begin{aligned}
(Q_6 \cdot 4.56 + G_6 \cdot 3.8) \cdot \frac{dQ_6}{dt} &= -296.343\left[\sum_{i=1}^{11} Q_i\right]^2 + 0.135 \cdot n_s \cdot \sum_{i=1}^{11} Q_i + 3.64 \cdot 10^{-5} \\
&\cdot n_s^2 \cdot Q_6 - 18564.4 \cdot Q_6^3 - 4956 \cdot G_6^{1.067} \cdot Q_6^2 - 8.68 \cdot G_6^{0.983} - 1578 \cdot Q_6^{1.75} \cdot Q_6
\end{aligned}
$$

$$
\begin{aligned}
(Q_7 \cdot 5.04 + G_7 \cdot 4.2) \cdot \frac{dQ_7}{dt} &= -296.343\left[\sum_{i=1}^{11} Q_i\right]^2 + 0.135 \cdot n_s \cdot \sum_{i=1}^{11} Q_i + 3.64 \cdot 10^{-5} \\
&\cdot n_s^2 \cdot Q_7 - 18564.4 \cdot Q_7^3 - 5500 \cdot G_7^{1.067} \cdot Q_7^2 - 8.96 \cdot G_7^{0.983} - 1744 \cdot Q_7^{1.75} \cdot Q_7
\end{aligned}
$$

$$
\begin{aligned}
(Q_8 \cdot 4.56 + G_8 \cdot 3.8) \cdot \frac{dQ_8}{dt} &= -296.343\left[\sum_{i=1}^{11} Q_i\right]^2 + 0.135 \cdot n_s \cdot \sum_{i=1}^{11} Q_i + 3.64 \cdot 10^{-5} \\
&\cdot n_s^2 \cdot Q_8 - 18564.4 \cdot Q_8^3 - 4641 \cdot G_8^{1.067} \cdot Q_8^2 - 9.17 \cdot G_8^{0.983} - 1578 \cdot Q_8^{1.75} \cdot Q_8
\end{aligned}
$$

$$
\begin{aligned}
(Q_9 \cdot 3.24 + G_9 \cdot 2.7) \cdot \frac{dQ_9}{dt} &= -296.343\left[\sum_{i=1}^{11} Q_i\right]^2 + 0.135 \cdot n_s \cdot \sum_{i=1}^{11} Q_i + 3.64 \cdot 10^{-5} \\
&\cdot n_s^2 \cdot Q_9 - 9112.5 \cdot Q_9^3 - 4568 \cdot G_9^{1.067} \cdot Q_9^2 - 7.4 \cdot G_9^{0.983} - 1494 \cdot Q_9^{1.75} \cdot Q_9
\end{aligned}
$$

$$
\begin{aligned}
(Q_{10} \cdot 7.68 + G_{10} \cdot 6.4) \cdot \frac{dQ_{10}}{dt} &= -296.343\left[\sum_{i=1}^{11} Q_i\right]^2 + 0.135 \cdot n_s \cdot \sum_{i=1}^{11} Q_i + 3.64 \cdot 10^{-5} \\
&\cdot n_s^2 \cdot Q_{10} - 13387.5 \cdot Q_{10}^3 - 7860 \cdot G_{10}^{1.067} \cdot Q_{10}^2 - 15.4 \cdot G_{10}^{0.983} - 3340 \cdot Q_{10}^{1.75} \cdot Q_{10}
\end{aligned}
$$

$$
\begin{aligned}
(Q_{11} \cdot 3.36 + G_{11} \cdot 2.8) \cdot \frac{dQ_{11}}{dt} &= -296.343\left[\sum_{i=1}^{11} Q_i\right]^2 + 0.135 \cdot n_s \cdot \sum_{i=1}^{11} Q_i + 3.64 \cdot 10^{-5} \\
&\cdot n_s^2 \cdot Q_{11} - 9262.5 \cdot Q_{11}^3 - 4247 \cdot G_{11}^{1.067} \cdot Q_{11}^2 - 8.4 \cdot G_{11}^{0.983} - 1549 \cdot Q_{11}^{1.75} \cdot Q_{11}
\end{aligned}
\tag{3.13}
$$

A partir do sistema de equações (3.13), o modelo matemático do ramo pneumático será parecido:

$$(Q_7 \cdot 5.04 + G_7 \cdot 4.2) \cdot \frac{dQ_7}{dt} + 18564.4Q_7^3 + 5500 \cdot G_7^{1.067} \cdot Q_7^2 + 8.96 \cdot G_7^{0.933} + 1744 \cdot Q_7^{1.75} \cdot Q_7 = H_B$$

(3.14)

Com base na expressão (3.14) e [83] construímos um modelo de imitação de ramo pneumático (Fig. 3.1) no PC. Usando a biblioteca "Simulink", realizamos a simulação de todos os valores matemáticos da equação (3.14). O principal valor de entrada é a alteração da quantidade de produto (G7) que é transportado na tubagem de material e influências no consumo de ar (Q7), bem como a quantidade de perda de pressão (HB) que deve criar uma instalação de ventilação para a transmissão do produto. Este modelo permite-nos investigar a dinâmica do transporte de produtos no ramo pneumático, ou seja, determinar os índices de energia a que se passará o transporte de produtos com o menor consumo de energia.

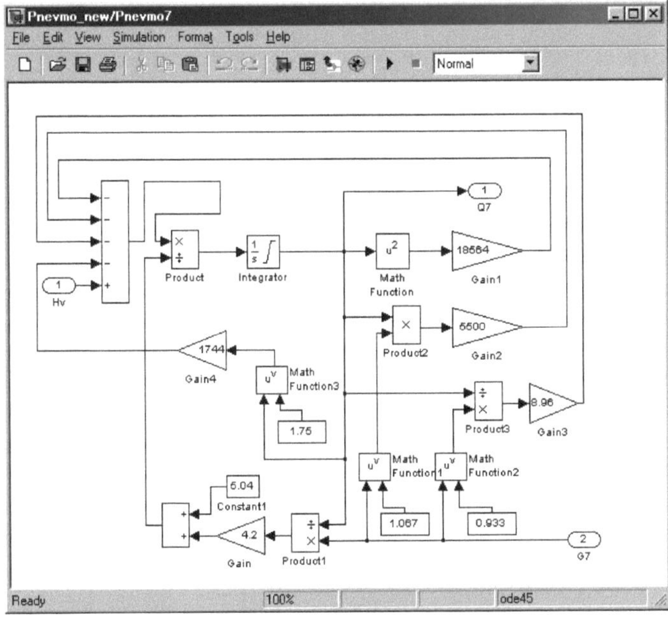

Fig. 3.1. O modelo de ramo pneumático para a determinação da perda de pressão.

De acordo com a fig. 3.1 a carga (G7) está na correspondente dependência funcional do consumo de ar (Q7) e a perda de pressão $_{(Hв)}$ é realizada pelos blocos apropriados da biblioteca Simulink. O valor (G7) (quantidade do produto) com a ajuda dos blocos Função Matemática 1 e Função Matemática 2 aumenta por ordem, o primeiro em 1,067, e o segundo - 0,933 significando a Função Matemática 1 no bloco Produto 2 é multiplicado pelo valor (Q7) (perda de ar, valor que é obtido do bloco Integrador), e o seu produto após multiplicação pelo bloco Ganho 2 no coeficiente 5500 e é dado ao viciador. O valor do bloco Função Matemática 2 pelo bloco Produto 3 é dividido pelo valor (Q7), e o seu resultado é multiplicado pelo bloco Ganho 3 com coeficiente de 8,96 e alimentado no viciador. O valor (Q7) com a ajuda do bloco Função Matemática é elevado ao quadrado e pelo bloco Ganho 1 é multiplicado pelo coeficiente de 18564, e o resultado é alimentado no viciador. O bloco Função Matemática 3 eleva o valor (Q7) à potência de 1,75, e o resultado do bloco Ganho 4 é multiplicado pelo coeficiente de 1744 e alimentado no viciador. O valor (G7) é dividido com (Q7) no bloco Produto 1, e o resultado do bloco Ganho é multiplicado pelo coeficiente 4,2, depois o valor calculado é adicionado com o coeficiente 5,04, e o resultado no bloco Produto é dividido pelo valor que é obtido do viciador. O resultado do bloco de Produto é alimentado pelo bloco Integrador. No bloco de Adição adicionam-se valores que são obtidos do Ganho 1 - Ganho 4 blocos, e o resultado é subtraído do valor Hv (a pressão criada pela instalação de ventilação). Ao aumentar o valor (G7) requer um aumento da pressão da instalação de ventilação, o que leva a um aumento da velocidade do movimento do ar e consequentemente aumenta os índices de energia.

A instalação de ventilação da unidade de transporte pneumático do moinho é descrita pela equação (3,5)

$$H = -296.343 \cdot Q^2 + 0.135 \cdot Q \cdot n + 3.64 \cdot 10^{-5} \cdot n^2$$

com base no qual [83] é criado o modelo de imitação da instalação de ventilação da rede de transporte pneumático Fig. 3.2.

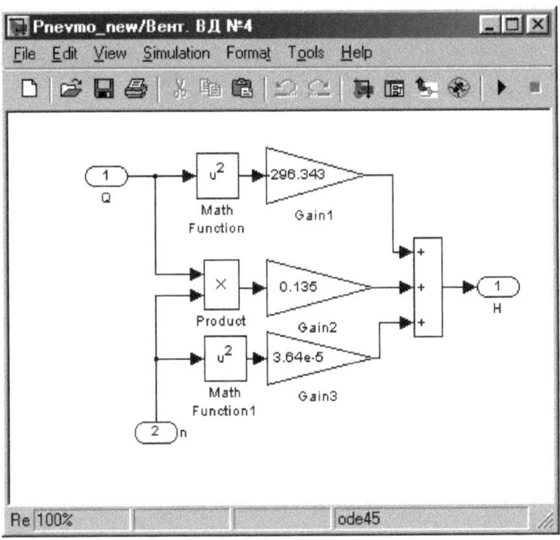

Fig. 3.2. Modelo de imitação da instalação de ventilação.

O modelo representa a relação funcional entre valores como a pressão criada pela unidade de ventilação a partir da produtividade em diferentes valores de rotação de frequência da roda de trabalho.

Com base nas equações do sistema (3.13) e pelo método [83], foi criado um modelo de imitação da instalação pneumática do moinho de arroz 3.3, com a ajuda do qual podemos estudar os modos dinâmicos e os parâmetros da rede pneumática do moinho.

O modelo consiste em onze ramos pneumáticos que são tocados pelo bloco Subsistema - unidades Pnevmo-X (Fig. 3.3), unidade de ventilação - pelo bloco Subsistema - o ventilador VD №. 4, e o bloco Step bloqueia os valores para o carregamento da tubagem de material, rotação da velocidade do ventilador pelo bloco Constant.

O modelo de imitação permite recriar o trabalho de diferentes modos de funcionamento da instalação pneumática do moinho, e pesquisar a dinâmica do seu trabalho e determinar modos de funcionamento de poupança de energia com a tecnologia constante de produção de farinha.

Com a ajuda do modelo de imitação da unidade de transporte pneumático do moinho, a dependência da perda de pressão no 10º ramo pneumático da sua carga (Fig. 3.4.curva2)

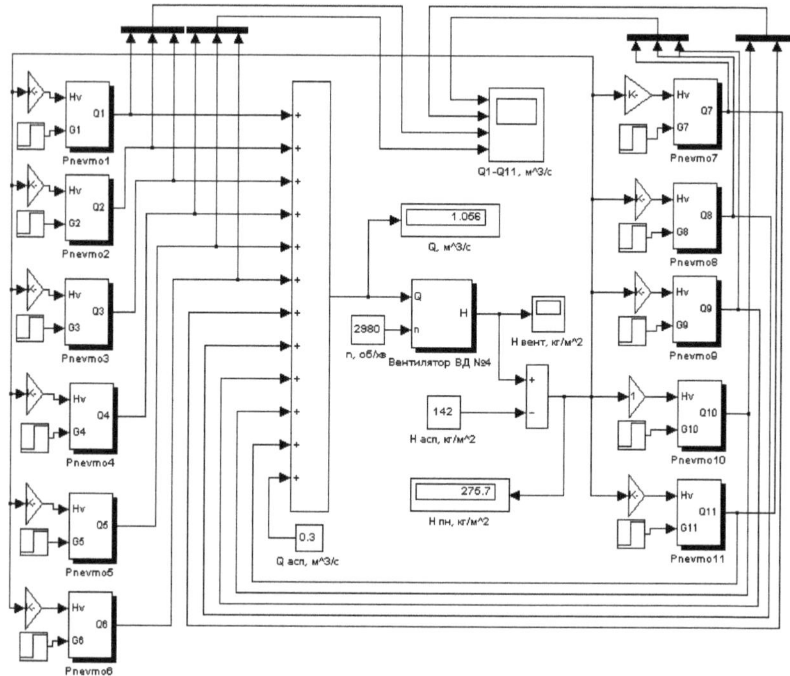

Fig.3.3. Modelo de imitação da instalação pneumática do moinho.

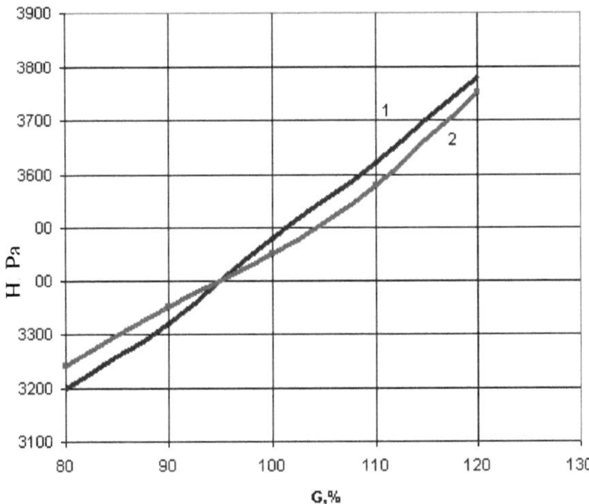

Fig. 3.4. Dependência da perda de pressão no ramo pneumático da sua carga:

1 - calculado; 2 -experimental no modelo

Para remover esta dependência, em modelo de imitação, no bloco de entrada G10 do SubSistema-Pnevmo-10 deve ser dado sinal do bloco de Passos, que é ajustado para mudar a carga de 80% para 120% com intervalo de 10%. A partir do bloco de Visualização, retirar o valor da perda de pressão com carga específica do ramo pneumático.

Durante a verificação da adequação do modelo de acordo com o critério de Fisher, foi determinado que o modelo é adequado porque o valor calculado é $F_c = 0{,}9$, e o tabular é, $F_{tab} = 3{,}864$, a condição é executada $F_c \leq F_{tab}$.

3.3. Investigação da dinâmica das instalações de transporte pneumático

Utilizando o modelo de imitação da unidade pneumática do moinho (fig. 3.3), realizamos a investigação do seu regime dinâmico, nomeadamente: pesquisar o processo transitório em ramos pneumáticos, determinar a dependência do consumo de ar da rotação do ventilador de frequência no ramo pneumático mais carregado do moinho. Estudar a que velocidade do movimento do ar passa a obstrução das condutas de material em função da carga do moinho, bem como o efeito da alteração da concentração da mistura aérea nos ramos pneumáticos sobre a perda de pressão nos mesmos e a perda de pressão no colector.

Para a remoção do processo transitório nos ramos pneumáticos do moinho à sua carga nominal, é necessário no modelo de simulação de instalação pneumática do moinho à entrada n do bloco Subsistema - Ventilador VD №4 dar o sinal do bloco Rampa, que é **definido** para reduzir a frequência da velocidade de rotação da instalação de ventilação a partir do valor de 2990 rpm em 50 rpm. Para a oscilografia, o bloco Scope através do bloco Mux alimenta o sinal de saída Q do SubSistema - Pnevmo - X blocos. O modelo activa e na oscilografia são processos transitórios rastreados em ramos pneumáticos (o arroz. 3.5).

Como se pode ver na figura 3.5, após 14 s, passou a obstrução do 10° ramo pneumático que é o mais sensível às perturbações. Por conseguinte, nas investigações posteriores da dinâmica do sistema de transporte pneumático, é necessário concentrar-se no valor dos parâmetros tecnológicos (perda de pressão, velocidade da mistura aérea) neste ramo pneumático. Assim, para o funcionamento normal deste ramo pneumático, a velocidade de movimento da mistura aérea no mesmo não deve ser inferior a 12 m/s (fig. 3.5), o que corresponde à frequência de rotação da unidade de ventilação de 2300 rpm. Isto é ilustrado no arroz. 3.6.

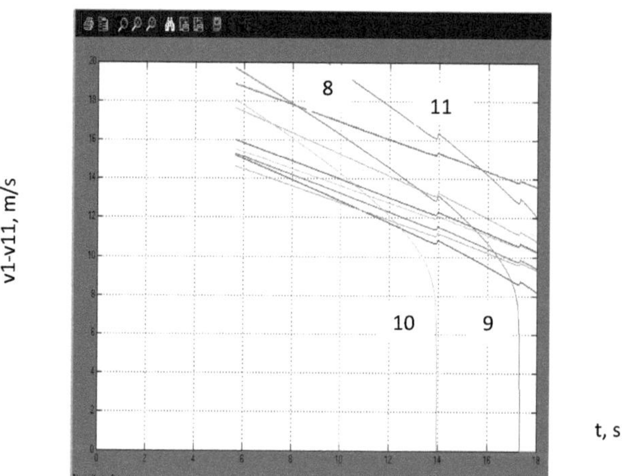

Fig. 3.5. Gráficos de processos transitórios em ramos pneumáticos do moinho à sua carga nominal. 8-11 condutas de material.

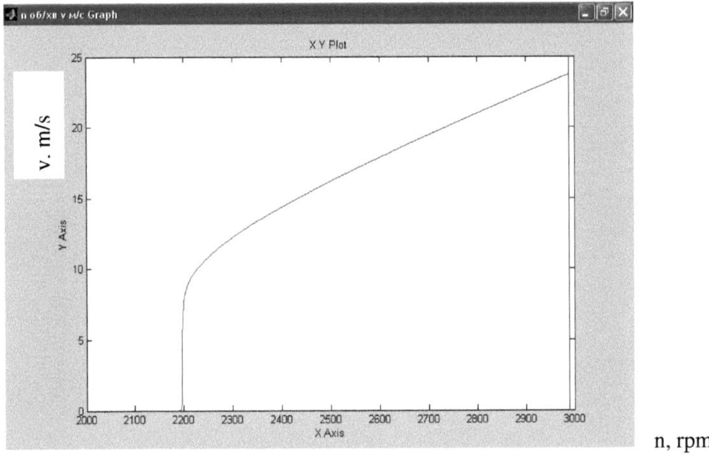

Fig. 3.6. O gráfico de dependência da velocidade da mistura aérea em 10 ramos pneumáticos a partir da frequência de rotação da instalação de ventilação.

Com tal frequência de rotação da instalação de ventilação, a perda de pressão no colector de acordo com a Fig. 3.7 será de 2750 Pa. De acordo com a expressão (2.15), a perda de pressão da rede de transporte pneumático é directamente proporcional à potência do motor eléctrico de accionamento e influencia o consumo de electricidade no transporte de produtos por unidade de transporte pneumático. Isto é, o aumento das perdas de pressão leva ao aumento do consumo de energia eléctrica por motor eléctrico de acionamento da rede. Procedendo do acima exposto, para o funcionamento normal da unidade de transporte pneumático e consumo mínimo de energia eléctrica, é necessário que a velocidade da mistura aérea no 10° ramo pneumático seja de 12 m/s. Mas no funcionamento da rede pneumática, a carga dos tubos de material muda estocasticamente na gama de 80% a 120% do valor nominal [17]. Então, dependendo do seu valor, será alterada a perda de pressão no colector, nos ramos pneumáticos e, consequentemente, a velocidade de movimento da mistura aérea em condutas de material, que pode ser observada na Fig. 3.8, na qual é mostrada a dependência da velocidade de movimento da mistura aérea no 10° ramo pneumático a partir do seu carregamento. Pode ser observada a partir do arroz. 3,8,que para o funcionamento normal do ramo pneumático, a carga deve ser de 0,18 kg / s. à velocidade de 12 m / s., mais carga requer mais velocidade.

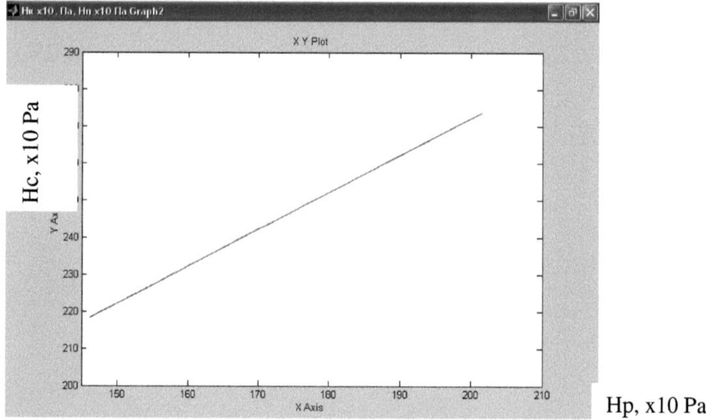

Fig. 3.7. Dependência das perdas de pressão no colector das perdas de pressão no 10° ramo pneumático.

. Com a redução da carga, a perda de pressão diminuirá, e com o aumento da carga a perda de pressão aumentará, pelo que para o funcionamento racional da rede de transporte pneumático, no primeiro caso, é necessário reduzir a frequência de rotação da instalação de ventilação, e no segundo - aumentar

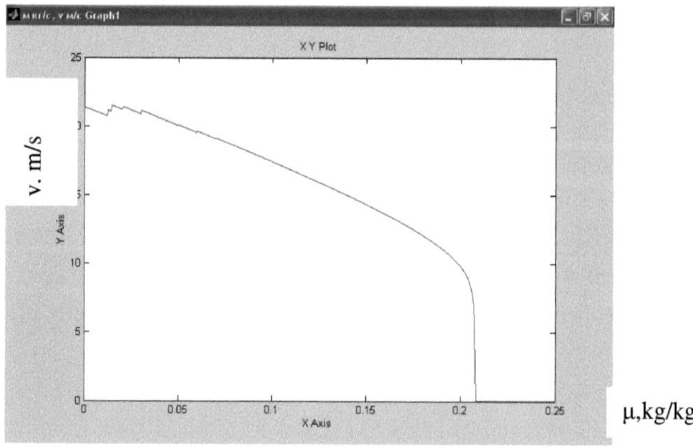

Fig.3.8. Dependência do movimento de velocidade da mistura aérea do 10° ramo pneumático do seu carregamento.

Se, com o aumento da carga da rede pneumática, o sistema de controlo por instalação de ventilação não reagirá a tempo de manter a velocidade de movimento necessária da mistura aérea no 10° ramo pneumático, então conduzirá à sua obstrução. Portanto, é necessário determinar os valores dos parâmetros tecnológicos do sistema pneumático sobre os quais o sistema de controlo da instalação de ventilação está orientado. Para tal, em modelo de imitação da unidade pneumática do lagar, altera-se o ajuste dos blocos de degrau aumentando o carregamento das condutas de material em 10% na rotação de frequência da instalação de ventilação de 2300 rpm. e o processo de decolagem transitória nos ramos pneumáticos utilizando a oscilografia do arroz. 3.9. A partir da fig. 3.9 é evidente que com o aumento do carregamento de material pipeline em 10% e à frequência de rotação da instalação de ventilação de 2300 rpm leva à obstrução do 10° ramo pneumático para 10 segundos de funcionamento da rede pneumática. A obstrução do ramo pneumático leva a um aumento da pressão no colector em 50 Pa, como se pode ver na oscilografia do arroz. 3.10. A fim de evitar obstrução, é necessário aumentar a velocidade de movimento da mistura aérea na tubagem de material, aumentando a pressão no colector, e para este efeito, é necessário aumentar a frequência de rotação da instalação de ventilação, mas para poupar energia, é necessário determinar o valor e o tempo de incremento da frequência de rotação da instalação de ventilação.

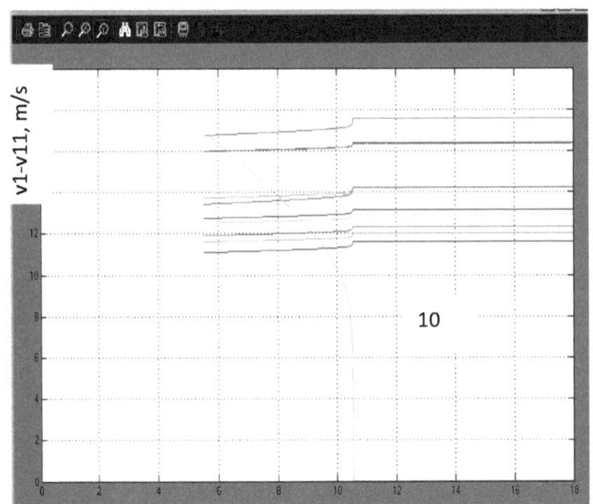

Fig. 3.9. Processos transitórios em ramos pneumáticos com aumento da carga em 10% e a frequência de rotação da instalação de ventilação de 2300 rpm.

93

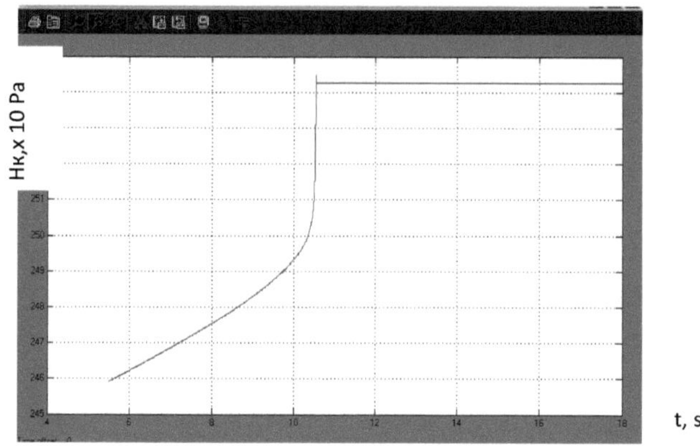

Fig. 3.10. Processo de transição no colector com aumento da carga em 10% e rotação de frequência da unidade de ventilação de 2300 rpm.

Portanto, em modelo de imitação de instalação pneumática do moinho na entrada n do bloco Subsistema - Ventilador VD № 4 a partir do bloco Rampa, que tem o ajuste apropriado, fornecemos frequência controlada de rotação e utilizando processos de descolagem oscilográfica transitórios em ramos pneumáticos fig. 3.11. A fim de evitar obstruções no 10° ramo pneumático, é necessário reduzir o movimento de velocidade da mistura aérea nele inferior a 12 m/s para forçar a frequência de rotação da unidade de ventilação a 55 rpm. durante um período de 13 segundos, como se vê no oscilograma, que é mostrado na Fig.3.11

Ao mesmo tempo, segundo a expressão (2,15), a potência consumida pelo motor eléctrico aumenta em 267 Watts.

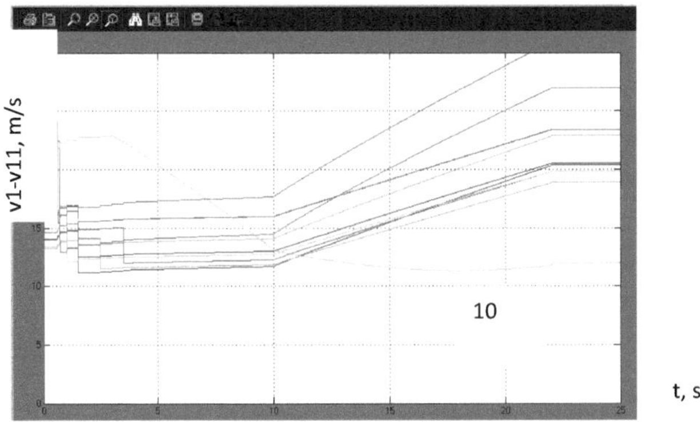

Fig. 3.11. Processos transitórios em ramos pneumáticos a retirar da obstrução do 10° ramo pneumático com carga crescente da rede pneumática em 10%.

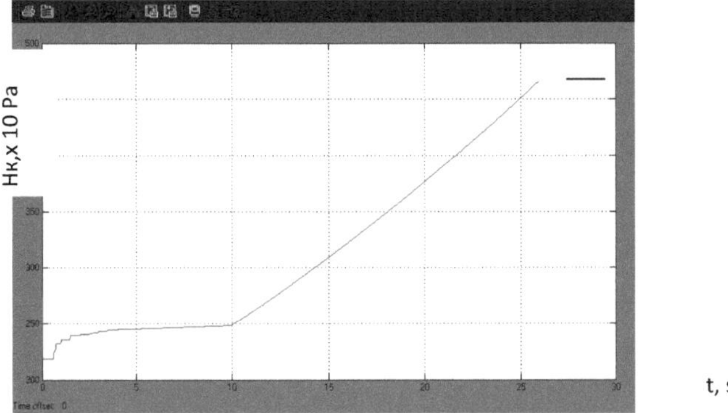

Fig. 3.12. Processo de transição no colector ao forçar a frequência de rotação da instalação de ventilação.

Com base nas investigações conduzidas, podem ser tiradas as seguintes conclusões:

- para o funcionamento normal da unidade de transporte pneumático do moinho à sua carga nominal é suficiente que a rotação de frequência da unidade de ventilação tenha sido de 2300 rpm;

- quando se reduz a velocidade do movimento do ar no colector abaixo dos 12 m/s. e com carga nominal das condutas de material, obstrução de 10 - passagens de ramificação pneumática, que é a mais sensível a perturbações;

95

- Aumenta a carga de 10 - o ramo pneumático na rotação de frequência da unidade de ventilação de 2300 rpm. leva ao aumento da pressão no colector, e quando a carga do ramo pneumático atinge 110% a sua obstrução passa e a pressão no salto do colector aumenta em 50 Pa;

- Perda de pressão em 10 - o ramo pneumático leva ao aumento da pressão no colector e esta dependência é linear;

- a fim de evitar a obstrução de 10 - ramo pneumático (ao carregá-lo em 110%), é necessário aumentar a velocidade de movimento do aero mix neste ramo pneumático, aumentando a frequência de rotação da instalação de ventilação, uma vez que o movimento do aero mix atinge 11 m/s no ramo pneumático é necessário aumentar a frequência em 55 rpm durante 13 segundos para atingir o modo de operação nominal;

- ao aumentar a frequência de rotação da unidade de ventilação em 55 rpm. leva ao aumento do consumo de energia do motor eléctrico de accionamento em 267 Watts.

4. JUSTIFICAÇÃO DE PARÂMETROS, MODOS DE FUNCIONAMENTO E DESENVOLVIMENTO DE ACCIONAMENTO ELÉCTRICO REGULADO DE INSTALAÇÕES DE TRANSPORTE PNEUMÁTICO

4.1. Observações gerais

Até à data, como mostrado na secção 1, os sensores de pressão em sistemas de controlo automático para instalações de ventilação em rede de transporte pneumático não são fiáveis e o seu funcionamento não é suficientemente preciso. Portanto, neste trabalho é considerado o sistema de controlo automático por ventilador da instalação pneumática do moinho sem sensores externos de parâmetros tecnológicos. Sobre os valores dos parâmetros tecnológicos da rede pneumática, obtemos do valor dos valores eléctricos do motor eléctrico, que são determinados pelo seu modelo e características de pressão da instalação de ventilação. O conversor de frequência alimenta o motor eléctrico com energia eléctrica de tais parâmetros, o que asseguraria o funcionamento do motor eléctrico do ventilador de accionamento em conformidade com os requisitos de funcionamento da rede pneumática em modo racional.

Para regular a frequência de rotação da roda de operação da instalação de ventilação, pode utilizar as leis do primeiro nível, que mantém por relações constantes a magnitude e frequência da voltagem a partir da qual o motor eléctrico é alimentado. Mas estas leis podem ser usadas quando se sabe antecipadamente que a frequência de rotação do ventilador é necessária em certos momentos de tempo. A carga da rede pneumática muda estocasticamente e o seu valor é determinado pelo momento electromagnético do motor eléctrico, portanto, no sistema de regulação da frequência de rotação dos ventiladores, é necessário utilizar as leis do segundo nível. Estas incluem as leis para as quais são fornecidos os valores constantes de várias ligações de fluxo magnético do motor assíncrono: estator ψ_1, caixa de ar ψ_0, rotor ψ_2. Para regular a velocidade de rotação de frequência do ventilador, utilizaremos a última lei, porque permite o controlo directo por momento do motor eléctrico, e ao mesmo tempo, a qualidade do controlo aumenta significativamente em comparação com outras leis [80].

4.2. Justificação do método de controlo da produtividade do sistema pneumático

Os requisitos para o accionamento eléctrico dos transportadores pneumáticos das empresas de moagem de farinha são de carácter versátil. Isto está ligado a condições difíceis de exploração, baixa precisão dos parâmetros de apoio na saída da unidade, baixa qualificação do pessoal de serviço. Em tais condições o problema é a exploração fiável de sensores de processos tecnológicos em rede pneumática - produtividade e pressão. Portanto, há necessidade de construção de sistemas de controlo sem sensores de parâmetros tecnológicos, mas utilizando soluções técnicas que sejam adequadas pelas suas capacidades funcionais e compatíveis com o accionamento eléctrico controlado por frequência.

Actualmente, existe um método conhecido de controlo por parâmetros tecnológicos de ventilador [78], em que a frequência de rotação do motor eléctrico é regulada por conversor de frequência baseado no algoritmo, que é determinado em bloco de computador com base nos sinais eléctricos provenientes dos sensores de corrente, voltagem e frequência, que são definidos nos circuitos de alimentação de energia do motor eléctrico. O algoritmo de cálculo é efectuado por valores modulares-vectoriais de sinais de energia eléctrica, em resultado dos quais são obtidas as características quantitativas e de pressão reais do ventilador.

A desvantagem deste método é que a informação para a sua realização vem de sensores externos, o que complica o trabalho do sistema num todo, reduz a sua velocidade e fiabilidade, o que é inaceitável em rede pneumática para o transporte de farinha.

Uma abordagem fundamentalmente nova para resolver este problema é proposta em [84].

A tarefa dada é resolvida pelo facto de no método de controlo dos parâmetros tecnológicos do ventilador para a implementação do algoritmo, sinais que vêm directamente do conversor de frequência com controlo vectorial, o princípio do trabalho que envolve a obtenção de parâmetros electromecânicos de accionamento eléctrico (momento electromagnético e velocidade do motor), com a ajuda do qual é feito o cálculo pelo algoritmo dado para valores absolutos.

O esquema funcional do sistema de regulação do método proposto é apresentado na Fig. 4.1

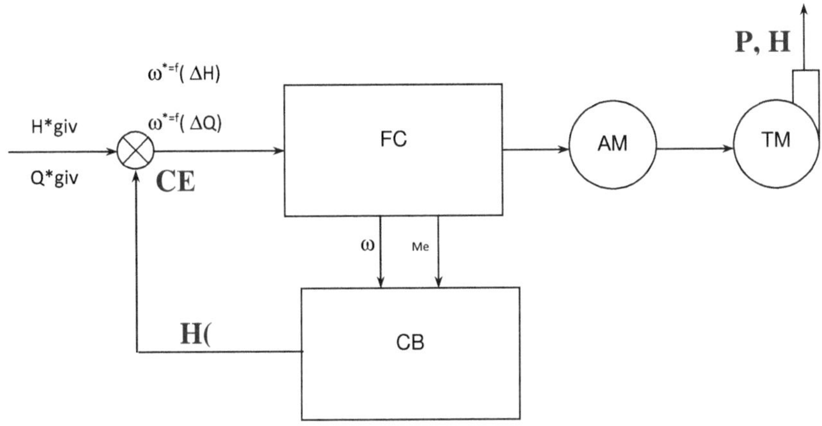

Fig. 4.1. Esquema funcional do sistema de regulação dos modos de
funcionamento da rede pneumática sem sensores de parâmetros tecnológicos

O método de controlo por parâmetros tecnológicos de ventiladores de
transportadores pneumáticos com accionamento eléctrico regulado é realizado
da seguinte forma. Ao alterar os modos de funcionamento dos ventiladores de
acordo com os requisitos do processo tecnológico, os parâmetros de potência
eléctrica dos motores eléctricos assíncronos (AM) são alterados, os quais, por
sua vez, são controlados pelo conversor de frequência com controlo vectorial e
pelos seus valores são calculados os valores do momento electromagnético M_e e a
velocidade angular ω que entram no bloco de computação (CB) onde o
algoritmo é implementado com base na expressão:

$$(M_e - M_M) \cdot \omega = \frac{H \cdot Q}{\eta_\Pi \cdot \eta_M \cdot 3600 \cdot 102} \quad (4.1)$$

H - pressão do ventilador, Pa;

P - consumo de ar, ^{m3} / h.

η_M - coeficiente de acção útil do ventilador;

η_Π - coeficiente de acção útil de transmissão;

Me- momento electromagnético de AD, Nm;

$_{MM}$ - perdas mecânicas do momento AD, Nm;

ω- velocidade angular do ventilador, c-1;

Por equação (4.1) calcula os valores reais de H (Q) que são comparados no elemento (CE) com o valor dado **H*giv (Q*giv)**, o sinal de erro **ΔH(ΔQ)**, é alimentado para a entrada do conversor de frequência e é a função da rotação de velocidade dada.

Para a implementação do algoritmo (4.1) são determinados os parâmetros H eη $_M$, que são obtidos experimentalmente ou a partir de literatura de referência e são aproximados pelas seguintes expressões:

$$H= -A\cdot Q2 + B\cdot Q + C\cdot\omega\cdot\omega^2; \qquad 4$$

$$\eta_{M=} -D\cdot\omega^2 + E\cdot\omega + F\cdot Q2 + G\cdot Q + L , \qquad 4 \qquad\qquad .3)$$

Onde: A, B, C, D, E, F, G, L são coeficientes de aproximação, que são determinados para um determinado ventilador.

Os coeficientes de expressão (4.3) são determinados pelo método dos mínimos quadrados a partir do sistema de equações:

$$\begin{cases} D\sum\omega^4 + E\sum\omega^3 + F\sum Q^2\omega^2 + G\sum Q\omega^2 + L\sum\omega^2 = \sum\eta_M\omega^2 \\ D\sum\omega^3 + E\sum\omega^2 + F\sum Q^2\omega + G\sum Q\omega + L\sum\omega = \sum\eta_M\omega \\ D\sum\omega^2 Q^2 + E\sum Q^2\omega + F\sum Q^4 + G\sum Q^3 + L\sum Q^2 = \sum\eta_M Q^2 \quad (4.4) \\ D\sum\omega^2 Q + E\sum Q\omega + F\sum Q^3 + G\sum Q^2 + L\sum Q = \sum\eta_M Q \\ D\sum\omega^2 + E\sum\omega + F\sum Q^2 + G\sum Q + Ln = \sum\eta_M \end{cases}$$

Para o ventilador do tipo VD№4, a expressão (4.3) com base no sistema de equações (4.4) tomará a forma:

$$\eta(Q,\omega) = -8.325 10^8 \cdot \omega^2 - 4.414 10^4 \cdot \omega - 0.527 Q^2 + 0.815 Q + 0.427 \qquad (4.5)$$

A implementação deste método é possível através da utilização de accionamento eléctrico ajustável, quando a partir do sistema de controlo conduzem o momento do motor M e a sua velocidade angular ω. Então obtemos:

$$P = \omega \cdot M \quad (4.6)$$

A solução das equações (4.1), (4.2), (4.5) e (4.6) para o conhecido M, ω, permite determinar a pressão no sistema.

É conveniente utilizar um motor eléctrico assíncrono com controlo de frequência para accionamento da unidade de ventilação. A melhoria desse accionamento é possível através da utilização de leis do segundo nível, que incluem leis para as quais o valor constante de várias flutuações magnéticas de um motor assíncrono é garantido: estator ψ_1 (correspondente ao valor constante da relação $_{EEXT.}$ /F), a caixa de ar ψ_0 ($_{E.}$ /F), o rotor ψ_2 $_{(eint.1}$/F). A última lei permite o controlo directo pelo momento do motor eléctrico, e assim a qualidade do controlo do accionamento eléctrico nos modos estático e dinâmico aumenta significativamente em comparação com outras leis.

Para determinar os rácios básicos do motor eléctrico assíncrono sob diferentes leis de regulação de frequência, utilizamos o esquema do tipo T para substituir o motor eléctrico por parâmetros variáveis na regulação de frequência.

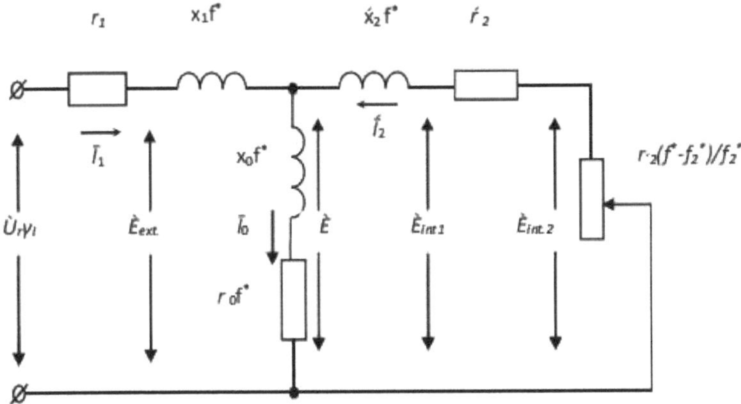

Fig. 4.2. O esquema de substituição do motor eléctrico assíncrono de curto-circuito por parâmetros variáveis no controlo de frequência.

Num dado esquema de substituição (arroz 4.2.) toda a resistência, excepto a resistência activa dos enrolamentos do estator r1 e do rotor r2, varia proporcionalmente ao coeficiente $F^* = {}_{F1/}F1$.

onde: f_1 - valor actual da frequência;

f_{1r} - o valor nominal do conversor de frequência.

A tensão aplicada muda proporcionalmente ao coeficiente γ = u1 / u1r

onde: u1 - valor actual da tensão, V;

u1r - o valor nominal da tensão do conversor, V.

A carga no eixo do motor eléctrico é equivalente à resistência reduzida, que depende do coeficiente f * e do coeficiente de deslizamento absoluto

f2 * = f2 / f1r. = f * - s

onde: f_2 - frequência do rotor;

s - deslize do motor.

Na utilização da primeira lei do segundo nível, que fornece um valor constante de ligação de fluxo ψ1 que é manter constante o valor **Eext**. $/f$ ao compensar a queda de tensão no suporte activo do estator. A expressão da corrente do estator com este ajuste será parecida com [81]:

$$\dot{I}_1 = \dot{U}_r \gamma \frac{r_0 + \dfrac{r_2'}{f_2^*} + j(x_0 + x_2')}{jx_1 f^*(r_0 + jx_0 + \dfrac{r_2'}{f_2^*} + jx_2') + (\dfrac{r_2'}{f_2^*} + jx_2')(f^* r_0 + jf^* x_0)} \qquad (4.7)$$

A tensão na entrada do esquema deve ser maior **EMS** no valor da resistência de tensão na resistência activa do estator, que é determinada pela expressão:

$$\dot{U}_{in} = \dot{U}_r \gamma + \dot{I}_1 r_1 = \dot{U}_r \gamma [1 + r_1 \frac{r_0 + \dfrac{r_2'}{f_2^*} + j(x_0 + x_2')}{jx_1 f^*(r_0 + jx_0 + \dfrac{r_2'}{f_2^*} + jx_2') + (\dfrac{r_2'}{f_2^*} + jx_2')(f^* r_0 + jf^* x_0)}] \qquad (4.8)$$

Depois o coeficiente de aumento de voltagem $_{Y1}$ parece ser o mesmo:

$$\dot{\gamma}_1 = \frac{\dot{U}_{in}}{\dot{U}_r} = \gamma[1 + r_1 \frac{r_0 + \frac{r_2'}{f_2^*} + j(x_0 + x_2')}{jx_1 f^*(r_0 + jx_0 + \frac{r_2'}{f_2^*} + jx_2') + (\frac{r_2'}{f_2^*} + jx_2')(f^* r_0 + jf^* x_0)}] \qquad (4.9)$$

O valor absoluto do aumento do coeficiente de tensão de (4,8) é determinado pela expressão:

$$\gamma_1 = \sqrt{\frac{(\frac{r_0 r_2}{s} + r_1(r_0 + \frac{r_2}{f_2^*}) - x_1 f^*(x_0 + x_2) - x_2 x_0 f^*)^2 +}{(r_0 r_2 / s - x_1 f^*(x_0 + x_2) - x_2 x_0 f^*)^2 +}} \rightarrow$$
$$\rightarrow \frac{+(x_1 f^*(r_0 + r_2 / f_2^*) + x_0 r_2 / s + r_0 x_2 f^*)^2}{+(x_1 f^*(r_0 + r_2 / f_2^*) + x_0 r_2 / s + r_0 x_2 f^*)^2} \qquad (4.10)$$

Uma vez que $_{f2*} = f^*$ s, a medição da velocidade do motor eléctrico à dada frequência de tensão de alimentação f^* é determinada $f2^*$ e o coeficiente de aumento de tensão que é aplicado aos grampos do motor eléctrico.

A aplicação da lei $\psi_1 = const$. O sistema de controlo é feito em coordenadas fixas a e v.

A partir da saída do selector de frequência em função do ângulo dado θ, que é obtido através da integração do sinal de frequência $f1$, formam-se dois componentes deslocados em 90 ° sinusoidais de ligação de fluxo da tarefa que o estator $\psi_{1\alpha}$ dá ψ_{1v} dá Ao comparar o valor dado e real de ligação de fluxo para cada componente, por cada componente é gerado um sinal de controlo que é convertido pelo regulador de ligação de fluxo no correspondente sinal de tarefa de corrente do estator. Após a conversão do sinal recebido em sistema de coordenadas trifásicas, este é trabalhado pelo regulador da corrente de relé, que é executado com base no inversor automático de tensão transistor com sensores de corrente nas fases do motor.

As transformações de coordenadas bifásicas e trifásicas (2/3) são realizadas de acordo com fórmulas conhecidas [86, 87].

$$i_{1A зад} = i_{1a зад}; \quad i_{1B зад} = \frac{i_{1a зад}}{2} + \frac{\sqrt{3}}{2} i_{1в зад}; \quad i_{1C зад} = \frac{i_{1a зад}}{2} - \frac{\sqrt{3}}{2} i_{1в зад}, \qquad (4.11)$$

onde A, B, C - índices de variáveis indicam a sua afiliação ao sistema trifásico, índices a e v - ao sistema de coordenadas fixas bifásicas, índices 1,2 - a afiliação da variável de acordo com o estator e o rotor.

No sistema de coordenadas dq rotativas

$$i_d = i_a \cos\theta + i_b \sin\theta;$$
$$i_q = -i_a \sin\theta + i_b \cos\theta,$$
(4.12)

Onde: $\Theta = \int\limits_0^t f_1 dt$

Aos sinais de formação de feedbacks (correntes, tensões) é utilizada a transformação (4.12), que é chamada inversa. Na transformação directa de coordenadas (do sistema de coordenadas, que gira com a frequência f_1 para o sem movimento)

$$i_a = i_d \cos\theta - i_q \sin\theta;$$
$$i_b = i_d \sin\theta + i_q \cos\theta.$$
(4.13)

Existem dependências semelhantes para tensões e ligações de fluxo. As transformações de coordenadas trifásicas e bifásicas dos sensores de tensão são feitas da seguinte forma:

1). Transformação das tensões medidas pelos sensores SV1 e SV2 de tensões lineares em fase ($U_\text{л}/U_\text{ф}$):

$$U_{1A} = \frac{2U_{AB} + U_{BC}}{3}; U_{1C} = \frac{-2U_{BC} - U_{AB}}{3};$$
(4.14)

2). Transformação trifásica e bifásica 3/2

$$U_{1a} = U_{1A}; i_{1a} = i_{1A};$$

$$U_{1b} = \frac{-2U_{1C} - U_{1A}}{3}; i_{1b} = \frac{-2i_{1C} - i_{1A}}{\sqrt{3}}. \quad (4.15)$$

É possível controlar por motor assíncrono se para a formação de correntes de fase i_{1A}, i_{1B}, i_{1C}, que são dadas informações sobre a ligação de fluxo do estator Ψ_1 encontrar os seus componentes no sistema de coordenadas fixas.

Com base na equação de Guryev-Park, que está escrita na forma vectorial, segue-se que o vector da ligação de fluxo do estator é igual:

104

$$\overline{\psi}_1 = \int_0^t \left(\overline{U}_1 - \overline{I}_1 r_1 \right) dt, \tag{4.16}$$

Ou:
$$\psi_{1a} = \int_0^t \left(U_{1a} - i_{1a} r_1 \right) dt,$$

$$\psi_{1b} = \int_0^t \left(U_{1b} - i_{1b} r_1 \right) dt \cdot \tag{4.17}$$

Estabelecimento $\psi_{1H} = const$ valor requerido da velocidade $f1$, esquema da fig. 4.3. está a praticar a lei de regulação prescrita

A aplicação da lei de controlo $\psi_2 = const$ permite ajustar mais eficientemente as coordenadas do accionamento eléctrico.

A simplicidade de representação do accionamento eléctrico controlado por frequência aumenta na escolha racional da velocidade angular e da orientação dos eixos coordenados no modo transitório. Na tensão sinusoidal de alimentação, os vectores resultantes das correntes, tensões e ligações de fluxo do estator e rotor no modo estabelecido são mutuamente estacionários, depois qualquer sistema de coordenadas ligado a um destes vectores (chamado a sua "base"), adequado para optimização [87]. O vector de base para a implementação da lei $|\psi_2| = const$ é o vector de ligação de fluxo do rotor. O vector é dirigido $\overline{\psi}_2$ ao longo do eixo d, e o eixo q está na direcção 90 à sua frente. Neste caso, as equações de transmissão eléctrica são simplificadas, uma vez que a projecção do vector de base generalizado - a ligação de fluxo do rotor no eixo q é igual a zero.

Em alterações significativas no deslizamento no segmento operacional das características mecânicas, para ter em conta o processo de transição electromagnética e também no arranque do motor eléctrico utilizamos modelos que implementam o sistema de equações diferenciais, que ligam vectores de correntes, ligações de fluxo de tensões representadas no sistema de coordenadas d, q.

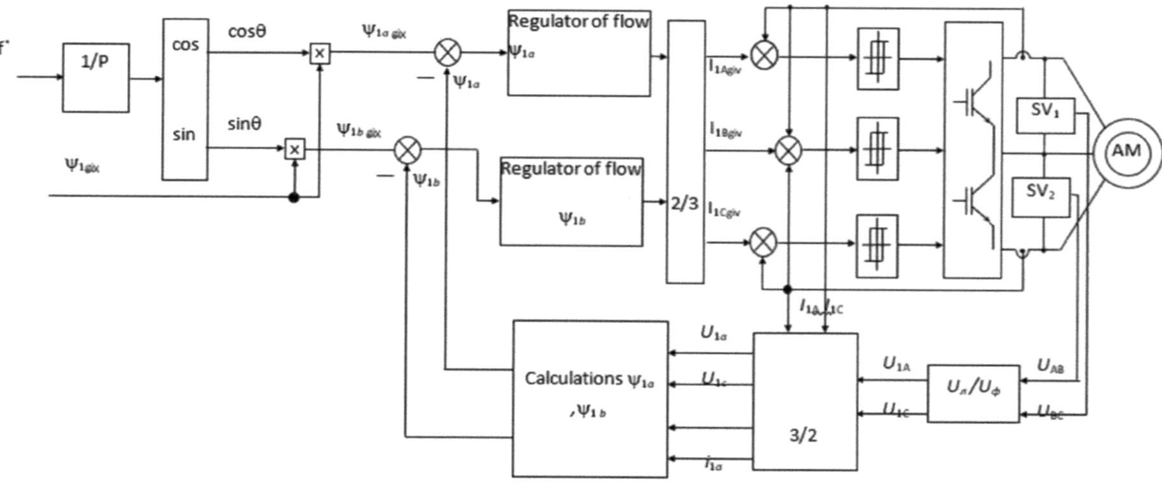

Fig.4.3. Functional scheme of asynchronous electric drive with support $\psi_1 = const.$

O sistema destas equações no sistema de coordenadas d, q, que gira com velocidade síncrona, em unidades relativas, tem a forma [86, 88]:

$$u_{1d} = r_1 i_{1d} + \frac{1}{\omega_{_{OH}}} \cdot \frac{d\psi_{1d}}{dt} + f^*\psi_{1d}; \qquad u_{1q} = r_1 i_{1q} + \frac{1}{\omega_{_{OH}}} \cdot \frac{d\psi_{1q}}{dt} - f^*\psi_{1q};$$

$$0 = r_2 i_{1q} + \frac{1}{\omega_{_{OH}}} \cdot \frac{d\psi_{2d}}{dt} + \left(f^* - \omega^*\right)\psi_{2d}; \qquad ; \quad 0 = r_2 i_{2q} + \frac{1}{\omega_{_{OH}}} \cdot \frac{d\psi_{2q}}{dt} - \left(f^* - \omega^*\right)\psi_{2q}$$

(4.18)

$$\psi_{1d} = \left((1+l_1)i_{1d} + i_{2d}\right)f^*; \qquad\qquad \psi_{1q} = \left((1+l_1)i_{1q} + i_{2d}\right)f^* \qquad ;$$

$$\psi_{2d} = \left((1+l_2)i_{2d} + i_{1d}\right)f^* \quad ; \quad ; \qquad\qquad \psi_{2q} = \left((1+l_2)i_{2q} + i_{1q}\right)f^* \quad ;$$

$$\mu = \frac{2}{3}P_n\left(\psi_{2q}i_{2d} - \psi_{2d}i_{2q}\right) \mu = \mu_c + \frac{J\omega^2_{_{OH}}}{M_6} \cdot \frac{d\omega^*}{dt},$$

Onde pela base são tomadas unidades os valores nominais da corrente do estator I_{1H}, a velocidade síncrona ω_{OH} e a frequência f_{1H} da tensão fornecida . Relação de saída:

$$i_1 = \frac{I_1}{I_{1H}}; \; f^* = \frac{f_1}{f_{iH}}; \omega^* = \frac{\omega}{\omega_{_{OH}}}; \; ; f^* = \frac{\omega_o}{\omega_{_{OH}}}; \; ; \quad U_6 = \omega_{_{OH}}L_m I_{1H} \; Z_6 = \omega_{_{OH}}L_m$$

$$u_1 = \frac{U_1}{U_6}; M = U_6 \cdot I_{1H}/\omega_{_{OH}}; \; ; \; l_1 = \frac{L_1}{L_{1H}} \quad , l_2 = \frac{L_2}{L_m}$$

onde ω_0 - velocidade angular do campo do estator do motor eléctrico na frequência f_1 da voltagem fornecida, rad / s; L1, L2, Lm - indutância da dispersão dos enrolamentos do estator e do rotor e indutância do círculo de magnetização, Gn.

O vector de ligação do fluxo do estator pode ser escrito sob a forma de [87]

$$\overline{\psi}_1 = \overline{I}_1 l_1' + \kappa_2 \overline{\psi}_2, \qquad\qquad (4.19)$$

onde: $l_1' = l_1 + \kappa_2 l_2; \kappa_2 = \dfrac{1}{(1+l_2)}.$

A equação (4.18) pode ser escrita na forma vectorial que se assemelha:

$$\overline{U}_1 = r_1\overline{i_1} + \frac{d\overline{\psi}_1}{dt} + jf^*\overline{\psi}_1, \quad 0 = r_2\overline{i_2} + \frac{d\overline{\psi}_2}{dt} + j(f^*-\omega^*)\overline{\psi}_2,$$

$$\overline{\psi}_1 = (1+l_1)\overline{i_1} + \overline{i_2}, \quad \overline{\psi}_2 = (1+l_2)\overline{i_2} + i_1, \qquad\qquad (4.20)$$

$$m = \frac{3}{2}P_n I_m\left(\overline{\psi}_2\overline{i}\right)_2, \qquad \overline{T}_\mu\frac{d\omega^*}{dt} = \mu - \mu_c,$$

Onde: $T_\mu = \dfrac{J\omega_{OH}^2}{M_6}$

No sistema de coordenadas d - q, que rodam com a velocidade do campo do estator, o sistema (4.20)será escrito na forma:

$$\begin{cases} u_{1d} = r'i_{1d} + T_l^{'}\dfrac{di_{1d}}{dt} - l_1'f^*i_{1q} - \dfrac{r_2}{T_2}\psi_{2d} - k_2\omega^*\psi_{2q}; \\[2ex] u_{1q} = r'i_{1q} + T_l^{'}\dfrac{di_{1q}}{dt} - l_1'f^*i_{1d} - \dfrac{r_2}{T_2}\psi_{2q} - k_2\omega^*\psi_{2d}; \\[2ex] 0 = -k_2 r_2 i_{1d} + \dfrac{1}{T_2}\psi_{2d} + \dfrac{d\psi_{2d}}{dt} - (f^* - \omega^*)\psi_{2q}; \\[2ex] 0 = -k_2 r_2 i_{1q} + \dfrac{1}{T_2}\psi_{2q} + \dfrac{d\psi_{2q}}{dt} + (f^* - \omega^*)\psi_{2d}; \\[2ex] \mu = k_2(\psi_{2d}i_{1q} - \psi_{2q}i_{1d}); \\[2ex] \mu - \mu_c = T_\mu\dfrac{d\omega^*}{dt} \end{cases} \qquad (4.21)$$

$at\,,t = t_0,$

$i_{1d} = i_{1d0}, i_{1q} = i_{1q0}, \psi_{2d} = \psi_{2d0}, \psi_{2q} = \psi_{2q0}, \omega^* = \omega^*_0$

onde: $r_1' = r_1 + \kappa_2^2 r_2,\ T_l^{'} = \dfrac{l_1^{'}}{r'}; T_2 = \dfrac{L_{2\sigma}}{R_2}; L_{2\sigma} = L_2 + L_m$

Ao implementar a forma vectorial de controlo da velocidade de rotação de frequência do motor assíncrono, quando $\psi2$ = const, as primeiras quatro equações (4,21) na forma de operador são escritas como:

108

$$U_{1d} = i'_{1d} r'_1 (1 + pT'_1) - f^* l'_1 i_{1q} - \frac{r'_2}{T_2} \psi_{2d};$$

$$U_{1q} = i'_{1q} r'_1 (1 + pT'_1) + f^* l'_1 i_{1d} + \kappa_2 \omega^* \psi_{2d};$$

$$0 = -\kappa_2 i_{1d} r_2 + \frac{1}{T_2} \psi_{2d} + p \psi_{2d};$$

$$0 = -\kappa_2 i_{1q} r_2 + (f^* - \omega^*) \psi_{2d};$$

(4.22)

Da terceira e quarta equações do sistema (4.22) iremos obter:

$$\psi_{2d} = \frac{\kappa_2 r_2 T_2 i_{1d}}{T_2 p + 1},$$

$$f_c^* = \omega^* + \frac{\kappa_2 r_2 i_{1q}}{\psi_{2d}}$$

(4.23)

O momento do motor eléctrico no controlo vectorial:

$$\mu = \kappa_2 \psi_2 i_{1q}.$$

(4.24)

Tendo em conta (4.22), (4.23) e (4.24) e as equações de movimento do accionamento eléctrico é construído o diagrama funcional do accionamento eléctrico assíncrono regulado com manutenção, $|\psi_2| = const$ que é mostrado na Fig. 4.4.

O princípio do seu funcionamento é semelhante ao do esquema da Fig. 4.3. O vector de ligação de fluxo do rotor é calculado a partir do valor conhecido da ligação de fluxo do estator ($\bar{\psi}$ 4.16, 4.17) com a utilização da dependência (4.19).

$$\bar{\psi}_2 = \frac{1}{\kappa_2}\left(\bar{\psi}_1 - \bar{I}_1 l'_1\right), \text{ e em coordenadas fixas } a, b$$

$$\psi_{2a} = \left(1 + l_2\right)\int_0^\tau \left(U_a - i_a r_1\right) d\tau - i_{1a} l'_1 \left(1 + l_2\right);$$

$$\psi_{2b} = \left(1 + l_2\right)\int_0^\tau \left(U_b - i_b r_1\right) d\tau - i_{1b} l'_1 \left(1 + l_2\right).$$

(4.25)

O módulo de ligação de fluxo e a posição angular são determinados pelas relações:

$$|\psi_2| = \sqrt{\psi_{2a}^2 + \psi_{2b}^2}; \quad \cos\theta = \frac{\psi_{2a}}{|\psi_2|}; \quad \sin\theta = \frac{\psi_{2b}}{|\psi_2|}. \tag{4.26}$$

Quando implementado, $|\psi_{2\text{н}}| = const$ o valor de flux-linkage é calculado pela fórmula:

$$\psi_{2\text{н}} = \frac{\sqrt{2}\, I_{\text{н}} L_m}{\sqrt{1 + \left(\dfrac{T_2\, 2\pi f_1 s_{\text{н}}}{p_n}\right)^2}}. \tag{4.27}$$

Desde: $M = \dfrac{L_m}{L_2}(\psi_{2a} i_{1b} + \psi_{2b} i_{1a})$, do que $M\omega = P$

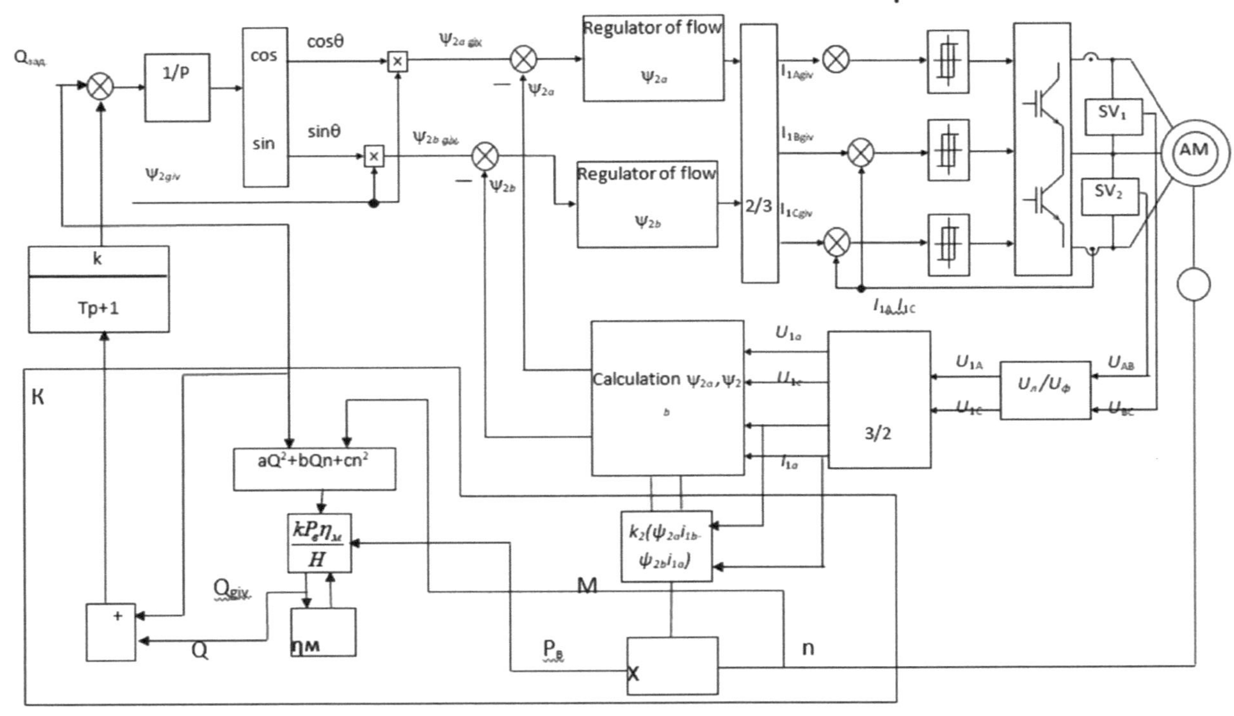

Fig.4.4. Functional scheme of asynchronous electric drive with support $\psi_2 = const.$

$P = kQH$ do que no $Q = \dfrac{P}{kH}$ controlo vectorial $M = \dfrac{L_m}{L}\psi_{2m}i_{1q}$

A realização da correcção do valor dado da velocidade (produtividade da instalação de ventilação) na alteração da carga é realizada pelo esquema K Fig. 4.4, que faz parte do sistema de controlo de accionamento eléctrico.

O esquema é baseado na síntese das seguintes equações. O momento electromagnético do motor eléctrico com ligações de fluxo e correntes conhecidas em sistema de coordenadas fixas é determinado pela expressão:

$$M = k_2(\psi_{2a}i_{1b} - \psi_{2b}i_{1a}), \tag{4.28}$$

e o poder é expresso pela fórmula (4.6).

A potência no eixo do motor eléctrico, tendo em conta o consumo mecânico, é determinada pela expressão:

$$P_{в} = (1 - \kappa_{mech})P \tag{4.29}$$

Um parâmetro importante para os modos de funcionamento das condutas de produtos é a velocidade de movimento da mistura ou produtividade do avião.

Se for dada a produtividade Q_{giv}, que assegura a velocidade de movimento da mistura aérea de modo a que de um lado não pareça obstrução da tubagem do produto e do outro lado assegure o consumo mínimo de energia para a implementação do regime de acordo com a expressão (4.2), podem ser calculados os valores de pressão da instalação de ventilação $H_{giv.}$.

A partir das expressões (4,29) e (2,15), com valor conhecido da potência consumida pela instalação de ventilação, e o seu coeficiente de acção útil, determina-se o valor da produtividade:

$$Q = \frac{kP_{в}\eta_{м}}{H_{giv}} \tag{4.30}$$

Se $Q_{giv.} - Q \neq 0$, então é corrigido o valor da velocidade de rotação dada, em Qзад.$- Q = 0$ tal correcção não é efectuada.

No bloco $\eta_{м}$ do esquema K calcula o valor de cua de unidade de ventilação no valor conhecido Q.

O algoritmo de controlo por motor eléctrico assíncrono com lei de controlo vectorial é realizado, se realizado o fornecimento de energia dos enrolamentos do estator a partir do conversor de frequência que está a funcionar no modo de fonte de corrente. Neste caso, a equação (4.23-4.24), após algumas transformações, é dada a forma

$$i_{1d} = T_2 p\psi_2 + \psi_2;$$

$$i_{1q} = \frac{f_2 * \psi_2}{\kappa_2 r_2};$$

$$\omega^* = \frac{\mu - \mu_C}{T_\mu p}; \qquad\qquad (4.31)$$

$$\mu = \kappa_2 \psi_2 i_{1q}.$$

Flux-linkage de rotor e estator no sistema de coordenadas dq através das correntes $\overline{I}_1$ $\overline{I}_2$i têm a forma 87[] :

$$\overline{\psi}_1 = \overline{I}_1 L_1 + \overline{I}_2 L_m; \overline{\psi}_2 = \overline{I}_1 L_m + \overline{I}_{2\sigma} L_2 \qquad\qquad (4.32)$$

onde $L_1 = L_{1\sigma} + L_m, L_{2\sigma} = L_2 + L_m, L_m = \frac{3}{2} L_{1m};$

e em unidades relativas

$$\overline{\psi}_1 = \overline{i}_1(1 + l_1) + \overline{i}_2, \qquad \overline{\psi}_2 = \overline{i}_2(1 + l_2) + \overline{i}_1. \qquad\qquad (4.33)$$

As equações para as correntes de rotor de (4,33)

$$i_{2d} = \kappa_2 (\psi_2 - i_{1d})$$
$$i_{2q} = -\kappa_2 i_{1q}. \qquad\qquad (4.34)$$

A amplitude do vector de corrente do estator de acordo com as equações (4,33) determina pela expressão:

$$i_1 = T_2 \sqrt{\left(p\psi_{2d} + \frac{\psi_{2d}}{T_2} \right)^2 + f_2^2 \psi_{2d}^2}, \qquad\qquad (4.35)$$

E fase

$$\theta_1 = \omega_0 t + arctg \frac{f_2 * \psi_2}{p\psi_2 + \psi_2 / T_2}. \qquad (4.36)$$

As equações dadas (4,25-4,36) mostram que no sistema dinâmico: o motor eléctrico assíncrono é uma máquina em funcionamento cujo estado de fase é determinado pelo vector de ligação de fluxo do rotor, a regulação das coordenadas é possível mantendo $\psi_2 = const$ e regulando ao mesmo tempo a amplitude e a fase da corrente do estator na alteração do escorregamento. Ou seja, para o controlo vectorial é necessário não só estabilizar a ligação de fluxo do rotor ao nível dado, mas também controlar a posição angular do seu vector. Para tal, o sistema de equações de accionamento eléctrico é complementado pelas equações de transformação da corrente vectorial do estator do sistema de coordenadas fixas a,b em quadro de referência do sistema associado ao vector de fluxo-ligação do rotor dq

Corrente estatorizada completa em estado estacionário com (4,35)

$$I_1 = \psi_2 \sqrt{1 + f_2^2 T_2^2}. \ (4.37)$$

Componentes de tensão nos pontos de venda do estator

$$U_{1d} = \psi_2 f_c * \left[r' - \frac{r_2}{\left(1 + l_2\right)^2} - \frac{sl_1'\left(1 + l_2\right)}{r_2} \right];$$

$$U_{1q} = \psi_2 f_c * \left[\frac{r's\left(1 + l_2\right)}{r_2} + l_1' + \frac{\omega *}{\left(1 + l_2\right) f_c *} \right]. \qquad (4.38)$$

Na fig. 4.5 é mostrado o diagrama de blocos da transmissão eléctrica regulada por frequência vectorial. A parte de potência do sistema, reguladores de correntes de fase, sensores de tensão e corrente, velocidades e transformadores de coordenadas do PC para ligação de partes do accionamento eléctrico de frequência, sintetizados em diferentes sistemas de referência (fixos e rotativos), estão representados no sistema de quadro de referência ligado com o estator. Os sinais $i_{1q} * i_{1d} * i$,são recebidos na entrada da parte executiva do sistema são os sinais de saída da parte resultante do accionamento eléctrico, que é analisada e sintetizada no sistema de quadro de referência ligado com o vector $\bar{\psi}_2$. Os sinais $i_{1d} * i$ $i_{1q} *$ formam correntes $I_{1A3A0}, I_{1B3A0}, I_{1C3A0}$ à entrada das correntes de fase RTF do regulador com a ajuda do conversor de coordenadas de

ПК1 e ПК2 e sinais de observador do fluxo de coordenadas do СКП. Em ПК2 são realizadas transformações não lineares de acordo com as fórmulas (4.13).

O conversor PC1 executa a transformação $a, в \to A, B, C$ de acordo com (4.11). Em PC3, os valores reais das variáveis correntes e tensões medidas pelos respectivos sensores são convertidos em tais cálculos ($A, B, C \to a, в$) de acordo com as expressões 4.14-4.15).

De PC4 e PC3 os sinais dos sensores de corrente são convertidos em sistemas ligados com $\psi_2(a, в \to dq)$- de acordo com as expressões (4.12). O cálculo das variáveis que conduziram à parte regulamentar do sistema é efectuado em blocos:

- No RP são calculados os componentes da ligação de fluxo do rotor no sistema de coordenadas a, в por expressão (4,25) ;

- No SKP são calculados o módulo e o ângulo do vector do fluxo-ligação do rotor de acordo com a expressão (4,26) .

Na fig. 4.6. é apresentado o sistema de controlo vectorial do accionamento eléctrico assíncrono com um observador (C). O modelo matemático - o observador C é utilizado para obter o valor actual do módulo $\psi_{2d} = |\psi_2|$ e o ângulo de θ rotação do vector de ligação de fluxo do rotor. O sinal de entrada é a corrente de fase do estator e a i_{1C} rotação de i_{1A} frequência do motor eléctrico assíncrono ω rotor.

O observador é construído com base nas duas primeiras equações (4.31) e, no essencial, é o modelo de motor eléctrico assíncrono com canal de exclusão do momento electromagnético. No esquema com o observador não existem sensores de tensão.

As pesquisas sobre os esquemas dados de controlo de frequência vectorial de accionamento eléctrico assíncrono atestam a sua eficácia:

1. A regulação da tensão, da ligação do fluxo e da influência da corrente na componente da corrente i_{1d} que cria o fluxo magnético, e através da regulação do número de rotações e da componente transversal da corrente pode influenciar directamente o momento de rotação eléctrica. O controlo do fluxo só pode ser efectuado com o atraso do tempo T_2.

2. A regulação actual nas coordenadas do campo do rotor (d,q)) justifica-se devido a uma menor sensibilidade aos parâmetros, e menos mudança de fase na regulação de constantes estacionárias $i_{1d}i_{1q}$. O controlo da corrente reduz significativamente a carga nos modos dinâmicos.

3. Na esfera do campo fraco, o motor trabalha com a carga constante e o momento máximo de rotação reduzido. O regulador de voltagem dá fluxo adicional de acordo com o cálculo pela voltagem de fluxo principal, $\omega_0\psi_2$ cujos valores são limitados a 0,9 da voltagem nominal do inversor.

A determinadas equações diferenciais de tensão do estator para coordenar o sistema que roda a informação necessária sobre o ângulo de orientação do rotor e o seu número de rotações que é obtido a partir do sensor de velocidade do accionamento eléctrico.

O controlo por motor eléctrico da instalação de ventilação pode ser efectuado sem sensor da frequência de rotação do accionamento eléctrico, uma vez que a instalação do tacogerador provoca o número de defeitos, aos quais se deve incluir, por exemplo, a diminuição da fiabilidade e o aumento do custo do sistema.

Na referência são descritos os métodos que permitem com a utilização do controlo vectorial sobre o fluxo do rotor estimar a informação sobre o número de rotações e o ângulo de orientação através da tensão através dos canais de controlo.

Métodos [89, 90] - ranhura de efeito utilizada, [91] - observador (alta precisão estacionária, insensibilidade dos parâmetros) [92] - filtro Kalman (tem em conta a dispersão dos valores de medição, custo elevado) [93] - utilização de sensores especiais de tensão e fluxo. Interesses especiais causam o método baseado na determinação dos valores de saída dos componentes de tensão do inversor, que criam o fluxo magnético do rotor [90]. Este método é desenvolvido e teoricamente aprofundado em trabalhos de Bogaenko I.M. e Balute SM [94,95,96]. Se utilizarmos para escrever nas coordenadas d,g da equação da máquina assíncrona os vectores de corrente e fluxo de ligação de magnetização e ($i_m\psi_m$ para o modo de estado estacionário no sistema rotativo de coordenadas $\omega^* = const$ $\dfrac{d\omega^*}{d\bar{t}}=0$, $\mu=\mu_H$ todos os vectores espaciais são estáveis e imutáveis pelo valor :

$$\bar{u}_1 = \bar{U}_1 = const, \quad \bar{i}_1 = \bar{I}_1 = const, \quad \bar{i}_2 = \bar{I}_2 = const, \quad \bar{\psi}_1 = const,$$

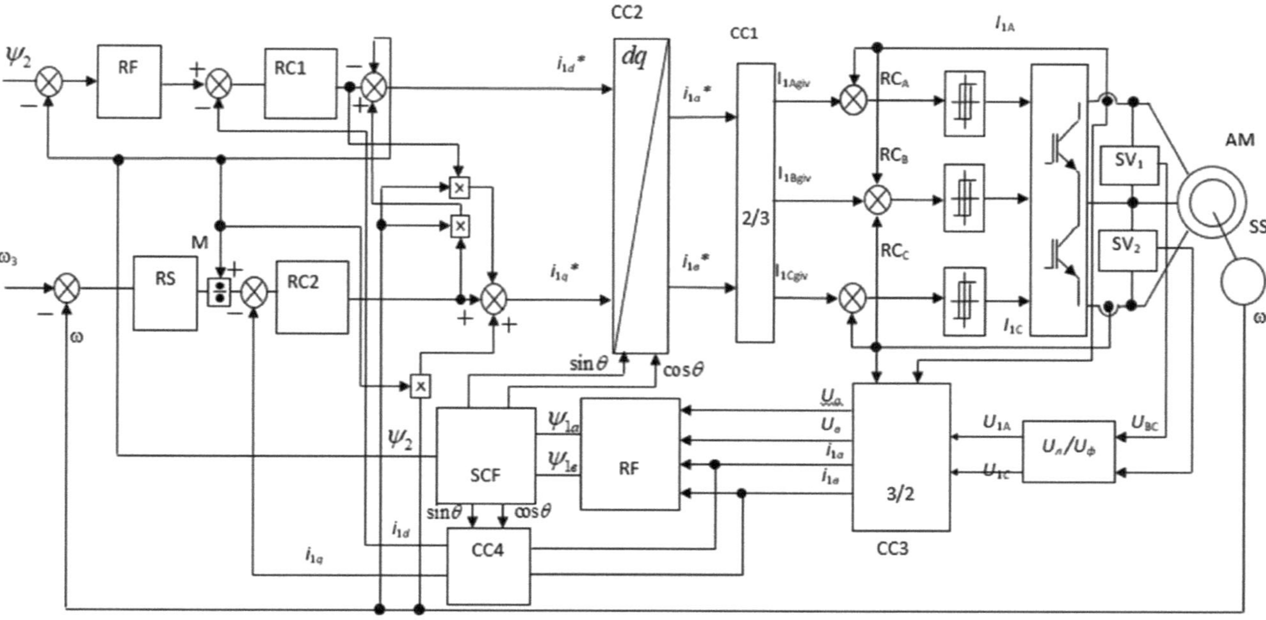

Fig.4.5. Block diagram of vector frequency-regulated electric drive.

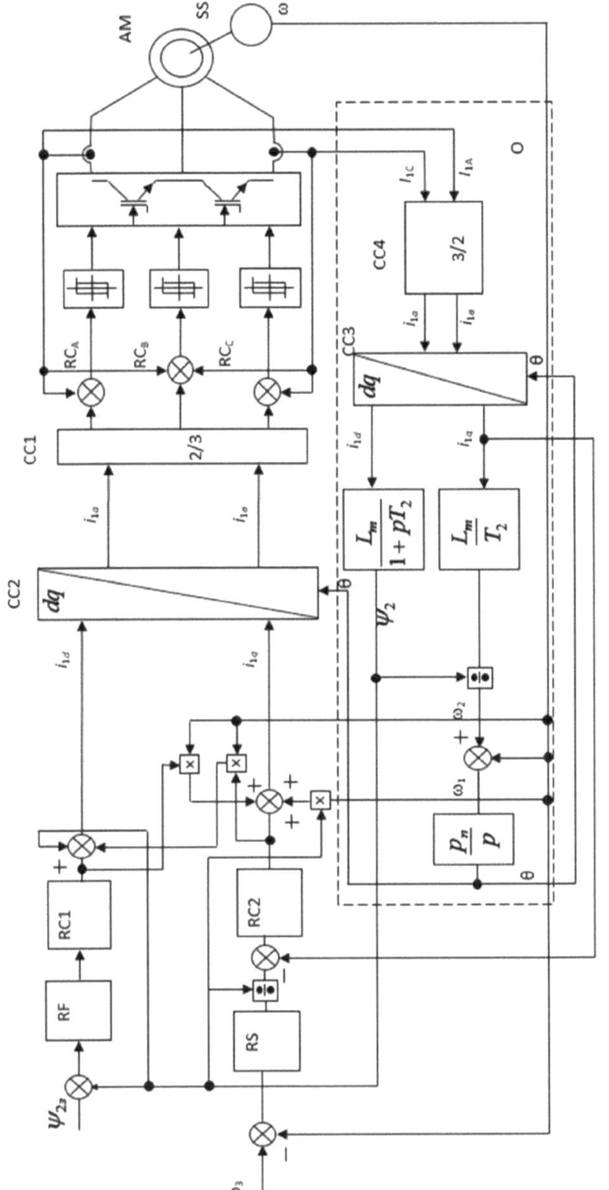

Fig. 4.6. Block diagram of vector frequency-regulated electric drive with observer.

É por isso que os derivados da ligação de fluxo são iguais a zero. Então as duas primeiras equações do sistema (4.20) após a transmissão serão parecidas:

$$\frac{\overline{U}_1}{f*} = \frac{r_1}{f*}\overline{I}_1 + j\overline{\psi}_1 = \frac{r_1}{f*}\overline{I}_1 + jl_1\overline{I}_1 + j\overline{\psi}_m,$$

$$0 = \frac{r_2}{f_2*}\overline{I}_2 + j\overline{\psi}_2 = \frac{r_2}{f_2*}\overline{I}_2 + jl_2\overline{I}_2 + j\overline{\psi}_m, \tag{4.39}$$

$$\overline{\psi}_m = \left(\overline{I}_1 + \overline{I}_2\right); \quad f_2* = f* - \omega* = f* - P_n\upsilon \text{ - deslize absoluto.}$$

Do que a equação (4,39) no nome das unidades será escrita como:

$$\frac{di_{1d}}{dt} = \frac{U_{1d}}{\sigma L_1} - \frac{R_1}{\sigma L_1}i_{1d} + \omega_m i_{1q} - \frac{L_m}{R_1\left(L_m + L_{2\sigma}\right)}\frac{d\psi_m}{dt},$$

$$\frac{di_{1q}}{dt} = \frac{U_{1q}}{\sigma L_1} - \frac{R_1}{\sigma L_1}i_{1q} + \omega_m i_{1d} - \frac{L_m\omega_m\psi_m}{R_1\left(L_m + L_{2\sigma}\right)},$$

$$\frac{d\psi_m}{dt} = \frac{R_2 L_m}{L_m + L_{2\sigma}}\left(i_{1d} - i_m\right); \tag{4.40}$$

$$\frac{d\theta}{dt} = \omega_m = \frac{L_m R_2 i_{1q}}{\left(L_m + L_{2\sigma}\right)\psi_m} + p_n\omega = \omega_2 + p_n\omega;$$

$$T_\mu\frac{d\omega}{dt} = \mu - \mu_c = \frac{2}{3}\frac{p_n L_m}{\left(L_m + L_2\right)}\psi_m i_{1q} - \mu_c,$$

onde $\psi_m = L_m i_m$; $\overline{i}_m = \overline{i}_1 + \frac{L_m + L_2}{L_m}\overline{i}_2$;

$$\sigma = 1 - \frac{1}{\left(1 + L_{1\sigma}/L_m\right)\left(1 + L_{2\sigma}/L_m\right)} \text{ - coeficiente de dimensionamento do fluxo}$$

magnético. A tensão que determina o fluxo de magnetização a partir das duas primeiras equações do sistema (4,39),

$$U_m = \frac{L_m}{L_m + L_{2\sigma}}\frac{d\psi_m}{dt} = U_1 - R_1 i_1 - \sigma L_1\frac{di_1}{dt}$$

Escrito esta equação no sistema de coordenadas d,q

$$U_m e^{-j\theta} = U_{md} + jU_{mq} = \frac{L_m}{L_m + L_{2\sigma}}\frac{d\psi_m}{dt} + j\frac{L_m}{L_m + L_{2\sigma}}\omega_m\psi_m;$$

$$U_{md} = \frac{L_m}{L_m + L_{2\sigma}}\frac{d\psi_m}{dt}; \qquad U_{mq} = \frac{L_m}{L_m + L_{2\sigma}}\omega_m\psi_m;$$

$$\omega_m = \frac{L_m + L_{2\sigma}}{L_m}\frac{U_{mq}}{\psi_m}.$$

Para tensão da magnetização e para U componentes de tensão de tensões em coordenadas d,q e a,θ são escritas na forma:

$$U_{md} + jU_{mq} = U_m e^{-j\theta} = \left(U_{ma} + jU_{mb}\right)e^{-j\theta},$$

onde $U_{ma} = U_{1a} - r_1 i_{1a} - \sigma\left(l_1 + 1\right)\dfrac{di_{1a}}{dt},$

$$U_{mb} = U_{1b} - r_1 i_{1b} - \sigma\left(1 + l_1\right)\frac{di_{1b}}{dt}.$$

A magnitude do fluxo e o número de rotações do rotor do motor eléctrico assíncrono pode ser determinada pelas 3ª e 4ª equações do sistema (4,40), as quais, simplificando, escreveremos na forma:

$$\frac{di_m}{dt} + \frac{1}{T_2}i_m = \frac{1}{T_2}i_{1d};$$

$$p_n\omega = \omega_m - \frac{i_{1q}}{\left(T_2 i_m\right)}.$$

(4.41)

Como se pode ver neste sistema de equações, o cálculo da frequência angular do vector de fluxo com base no equilíbrio da potência reactiva não requer a utilização para o cálculo de significativamente dependente da temperatura da resistência activa do estator. Para o modelo é necessária apenas a indutância L_{11} e L_{11}. Na fig. 4.7. é apresentado o diagrama de blocos do modelo para estimar a rotação da velocidade do motor eléctrico.

Na unidade de computação do PO calcula as tensões que correspondem ao fluxo magnético principal no sistema de coordenadas a,θ pela equação (4,40).

121

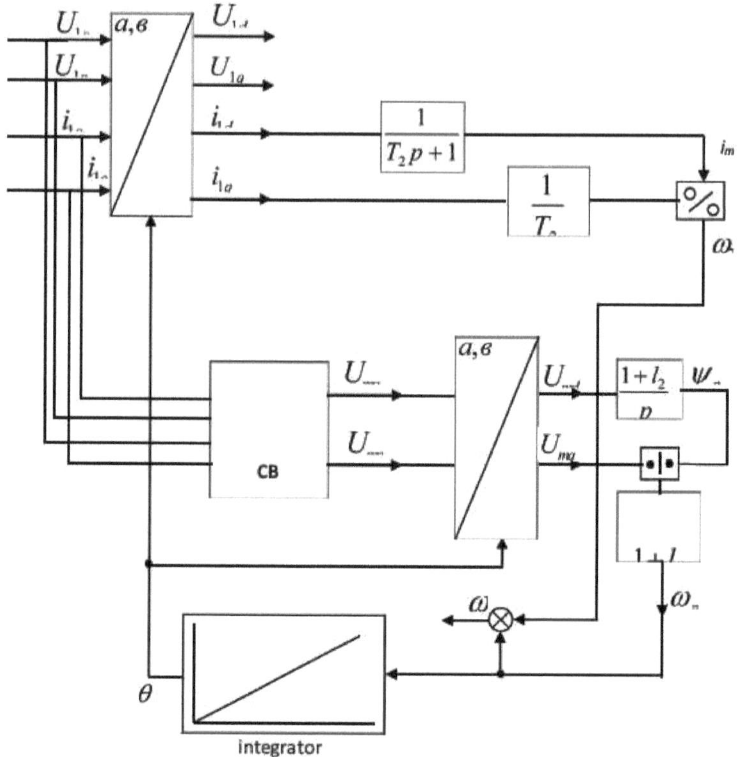

Fig. 4.7. Cálculo do fluxo e do número de rotações para esquemas que não têm sensores de velocidade.

Na fig. 4.8 é dado o esquema funcional de transmissão eléctrica regulada por frequência vectorial com observador construído com base na equação das tensões correspondentes ao fluxo magnético principal.

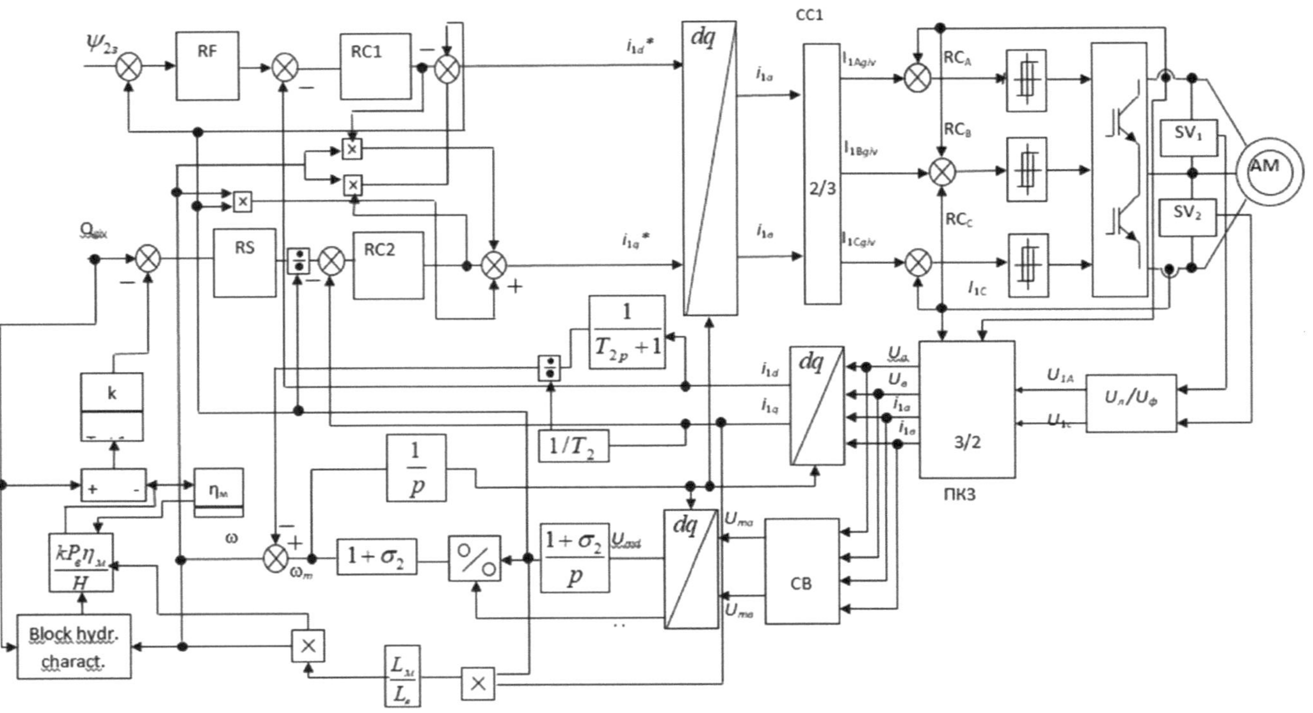

Fig.4.8. Block diagram of vector frequency-regulated electric drive with observer, build on the basis of balance of reactive power/

Assim, ao implementar a lei $\psi_1 = const$, é conveniente utilizar o esquema apresentado na Fig. 4.3, ao implementar a lei $\psi_2 = const$ - o esquema apresentado na Fig. 4.4, ao implementar o sistema de controlo vectorial em $\psi_2 = const$, utilização apropriada do esquema apresentado na Fig. 4.5, e no controlo vectorial sem sensores de velocidade utilizar o esquema apresentado na Fig. 4.8.

Quando se utiliza o diagrama funcional da Fig. 4.4 e com a ajuda do PPP "Mat lab" no ambiente "Simulink". 4.9 foi desenvolvido um modelo de imitação do sistema de poupança de energia da unidade de transporte pneumático do tipo de moinho P6-AVM-15, que é mostrado na Fig. 4.9

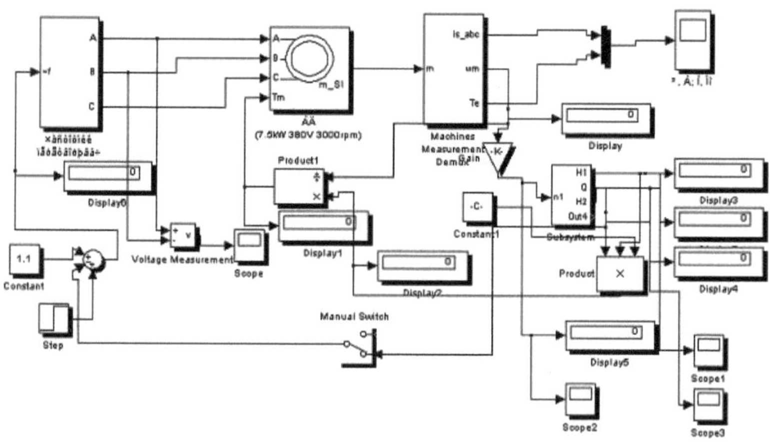

Fig. 4.9. O modelo de imitação do accionamento eléctrico controlado por frequência do transporte pneumático do moinho

O modelo de imitação do accionamento eléctrico controlado por frequência da unidade de transporte pneumático do moinho consiste nos seguintes blocos principais: rede pneumática - subsistema, motor eléctrico assíncrono - AD, conversor de frequência, conjunto de medição - medição de máquinas, bem como blocos de Produto e Produto 1, que determinam respectivamente a potência e o momento da instalação de ventilação. Com a ajuda do bloco Constant, é dado o significado do consumo de ar ^{m3} / s, enquanto que o bloco Constant 1 é o valor do coeficiente para determinar a potência do sistema de ventilação, Wt.

O ajuste da frequência de rotação do motor eléctrico de accionamento da instalação de ventilação é o seguinte. Dependendo do carregamento das condutas de material na rede de transporte pneumático, nos ramos pneumáticos e consequentemente no colector, aparecem determinados valores da perda de pressão e do consumo de ar, cujos valores são recebidos nas saídas do bloco do subsistema H1 e Q. Estes valores são fornecidos ao bloco de Produto onde é determinada a potência necessária da unidade de transporte pneumático. O valor do consumo de ar Q é dado ao bloco Soma, onde é subtraído do valor Qassig. Na saída do bloco Soma, é gerado o sinal de controlo que é alimentado ao conversor de frequência. Dependendo do valor do sinal à saída do conversor de frequência é formado o valor certo de tensão e frequência que consumiu o motor eléctrico de accionamento da unidade de ventilação. Este sistema de equipamento eléctrico manterá os valores necessários dos parâmetros tecnológicos (H, Q) para o funcionamento normal da rede pneumática com utilização racional da electricidade. As figuras 4.10 e 4.11 mostram a mudança de velocidade (v) da mistura aérea na linha de produto mais carregada e a pressão (H) no colector do sistema pneumático. Após o arranque do moinho e a ausência de carga de rarefacção no colector do sistema pneumático e a velocidade do movimento do ar na tubagem do produto atingem em conformidade 2850 Pa e 30,4 m/s,. 1 minuto após

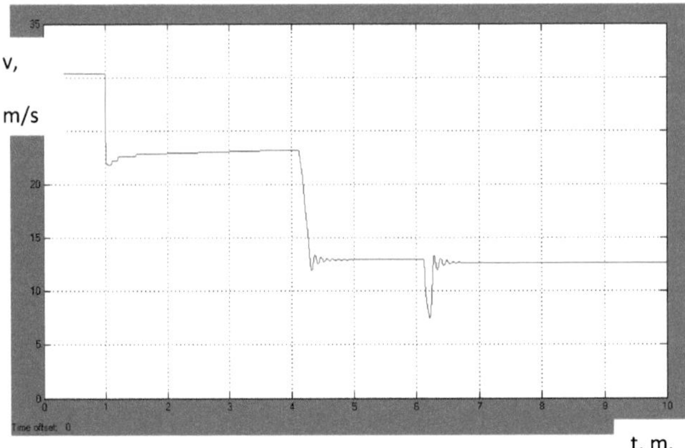

Fig. 4.10. Alteração da velocidade da mistura do avião no tempo, dependendo do modo de funcionamento do sistema pneumático

125

após o início da carga consistente das condutas de produto do sistema pneumático (termina em 3,5 minutos), devido ao aumento da pressão para 3200 Pa, e à diminuição da velocidade para 23,2 m/s. em 4 minutos de trabalho o sistema é transferido para o modo de poupança de energia, a velocidade do movimento da mistura de ar diminui para 12,6 m/s, e a pressão - até 1850 Pa.

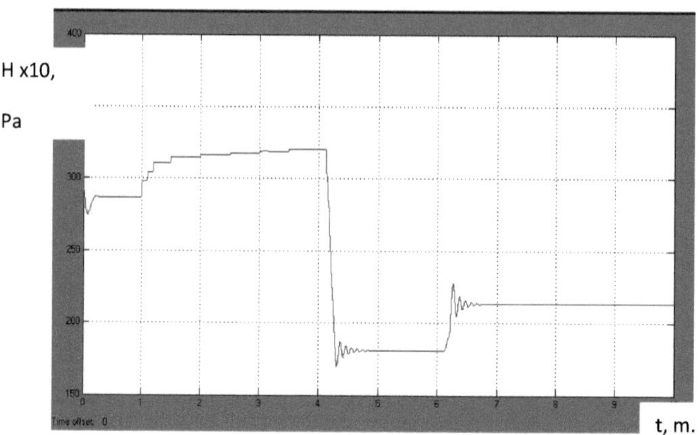

Fig. 4.11. Alterar a pressão no colector, em função do modo de funcionamento do sistema pneumático

Desde a potência consumida pela instalação de ventilação

$$P = \frac{kQH}{\eta_{_M}} \quad (4.42)$$

onde k - coeficiente constante; η_M = f (Q) - a cua da instalação de ventilação, depois a redução da pressão em 1,73 vezes e a velocidade de movimento da mistura aérea em 1,84 vezes no modo de economia de energia em comparação com estes parâmetros nos modos de funcionamento habituais (não regulados) leva à diminuição do consumo de energia para 3,2 vezes. Mas em 6 minutos de funcionamento do moinho em modo de poupança de energia, a velocidade da linha de produtos mais carregada cai acentuadamente e no colector do sistema pneumático (sobe. 4,10 e 4,11 como resultado do aumento da carga (em 20% do nominal). Se não se aumentar a velocidade de rotação do sistema de ventilação, então haverá obstrução da linha de produtos. E a reacção do sistema de controlo com forte diminuição da velocidade deve funcionar dentro de 0,5 - 0,7 s. A ligação de correcção do sistema de controlo deve causar um aumento da velocidade da instalação de ventilação e o sistema pneumático vai para o novo

126

modo de poupança de energia (Figs 4.10 e 4.11). Ao mesmo tempo, a velocidade da mistura aérea atinge novamente 12,6 m/s, e a diluição da rarefacção no colector - 2100 Pa.

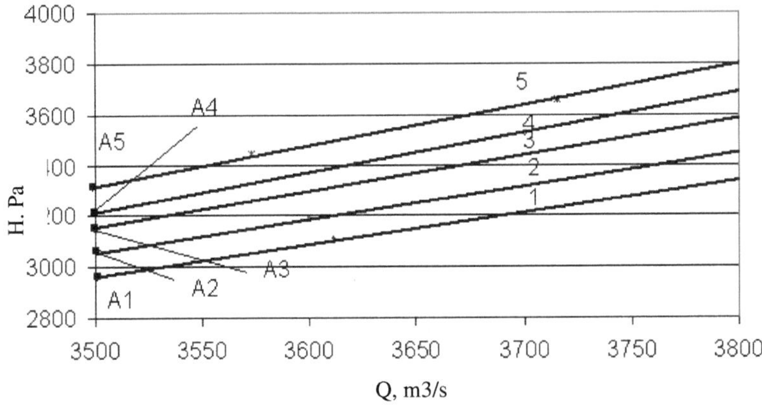

Fig. 4.12. A dependência das perdas de pressão na rede pneumática do consumo de ar em diferentes cargas: 1 - 80%; 2 - 90%; 3 a 100%; 4 - 110%; 5 - 120%

Na fig. 4.12 é mostrada a dependência das perdas de pressão do consumo de ar na rede pneumática ao carregá-la na faixa de 80% a 120%, tomada no modelo de imitação Fig. 4.9. Os pontos A1 a A5 correspondem à velocidade de movimento da mistura aérea no ramo pneumático mais carregado 12,6 m/s, o que corresponde ao modo de operação de poupança de energia da rede de transporte pneumático. Se a carga das condutas de material for 80%, então este valor corresponde ao ponto A1 de trabalho da rede pneumática, com um aumento da carga até 90% - o ponto A2 e assim por diante. pode ser visto da Fig. 4.12 na transição da rede pneumática nos pontos A1 - A2 o valor das perdas de pressão muda, o que segundo a expressão (2.15) influencia a potência necessária para o transporte pneumático. Fig. 4.1 mostra a dependência da potência da carga da rede pneumática durante a estrangulamento e ajuste da velocidade da instalação de ventilação

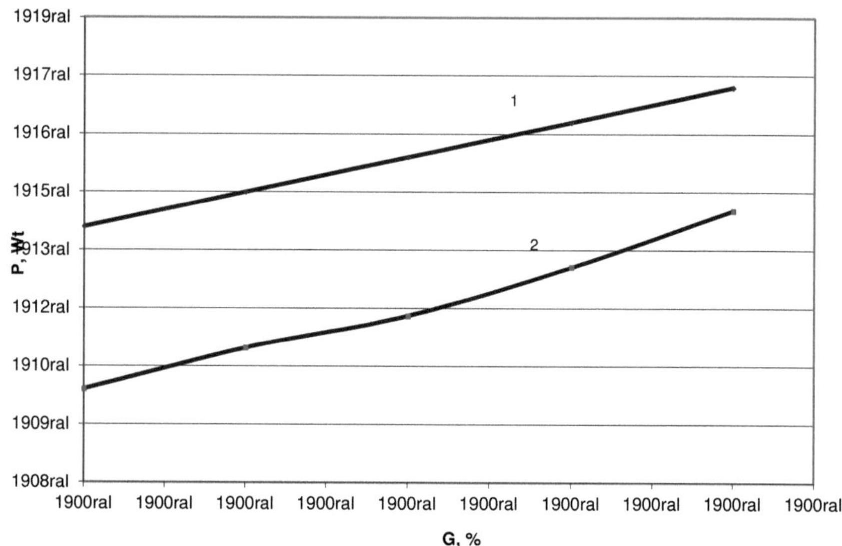

Fig. 4.13. Dependência da potência da unidade de transporte pneumático da sua carga a 1 - estrangulamento; 2 - ajuste da velocidade da instalação de ventilação

Pode ser visto na Fig. 4.13, a potência para produtos de transporte pneumático de produtos de moagem durante o estrangulamento é maior em 1400 W do que o uso de accionamento eléctrico regulado.

O equipamento eléctrico necessário para a criação da transmissão eléctrica regulada foi seleccionado com base no diagrama-chave da adição B1 de acordo com métodos conhecidos [97-100], os dados de selecção são apresentados no Aditamento B2-B6.

Com base nas pesquisas efectuadas, podem ser tiradas as seguintes conclusões:

- A implementação de modos de economia de energia do sistema de transporte pneumático do moinho do tipo P6 - AVM-15 em 3,2 vezes reduz o consumo de energia pela instalação de ventilação em comparação com o modo de funcionamento não regulado da rede pneumática;

- fez o modelo matemático da unidade de transporte pneumático com o sistema de regulação dos seus modos de funcionamento permite-nos estudar as características e parâmetros do processo de transporte de cereais e produtos de moagem nos modos de funcionamento e de emergência;

- a qualidade e fiabilidade da unidade de transporte pneumático e a velocidade do sistema de regulação são melhor asseguradas na implementação da lei de controlo por accionamento eléctrico $\Psi 2$ = constante e correcção da acção de controlo para o desvio da produtividade da instalação pneumática;

- o método proposto de correcção da acção de controlo do sistema de controlo, quando a avaliação da pressão e produtividade do sistema pneumático é determinada pelos parâmetros de accionamento eléctrico, elimina a necessidade de sensores para medir directamente estas características de transporte de mistura aérea, o que aumenta a fiabilidade e eficiência do trabalho da empresa de moagem de farinha.

4.3. Accionamento eléctrico de agregados combinados para dispersão, secagem e transporte de materiais a granel

A tecnologia de secagem de materiais a granel com a ajuda de agregados eléctricos de parafuso de transporte polifuncional (PSCEA) utiliza energia ecologicamente pura, o que exclui a contaminação por toxigenes não só da atmosfera, mas também do material que é processado. Isto é muito importante no processamento de resíduos do trabalho da madeira, que é utilizada para a produção de combustíveis ambientalmente puros briquetados, bem como no processamento de ervas aromáticas, grãos e outros produtos agrícolas.

Dependendo do material processado na linha tecnológica podem ser instalados trituradores do tipo rotor, cortadores de palha e outros equipamentos para secar fracções homogéneas de material húmido que está a processar .

No processamento de culturas de cereais em linha de secagem, deve ser utilizado o desenho especial do rotor-transportador PSCEA que tem cobertura de borracha nas extremidades ou de palhetas de roscas transportadoras. Além disso, a convecção térmica e os modos condutores na câmara de secagem devem excluir o sobreaquecimento dos grãos acima da temperatura 60 0C. Estas características de concepção excluem a moagem e secagem do grão, e a formação de película carcinogénica na sua superfície.

Além disso, o tiristor do conversor de frequência é instalado na linha de alimentação da PSCEA em casos de formação de modo de tratamento de material com valores reduzidos de temperatura na zona de trabalho e baixas frequências de rotação do transportador de rosca.

Para o cultivo prévio de grãos na concepção da PSCEA é fornecida uma câmara adicional de processamento de grãos com campo electromagnético permanente ou pulsado e ozono, o que aumenta a convergência de sementes e destrói a microflora nociva na sua superfície. O desenho básico e o diagrama de fluxo de processo da linha de secagem para processamento de materiais a granel é apresentado na fig. 4.14.

O modo de processamento contínuo permite a instalação de uma ou sequencialmente várias PSCEA numa única linha tecnológica com carga e descarga contínua de substância. No início é efectuado o aquecimento da linha de secagem da seguinte forma:

- início da forçagem e exaustão dos ventiladores;

- fecho dos portões de alimentação e descarga dos bunkers;

- alimentação de alimentação de motores, módulos de travagem e sistema de aquecimento do fundo da PSCEA.

A duração do modo de aquecimento da linha de secagem é de 10 minutos, após os quais começa o processo de remodelação do material. O microcontrolador pelo programa começa a trabalhar sequencialmente a partir das operações seguintes:

- abertura de portões de alimentação e de descarga de bunkers;

- início da forçagem e exaustão dos ventiladores;

- alimentação de tensão nos módulos motor e de travagem e sistema de aquecimento do fundo

- inclusão de drive de batcher de feed bunker;

- Início do transportador de carga da linha de secagem;

- controlo da humidade final do material no bunker de descarga.

O modo cíclico proporciona a instalação de uma ou várias PSCEA paralelas com eficiência de 1,5-2 t/h com carga e descarga periódica de material e modo de trabalho reversível-cíclico de PSCEA (Figura 3.3).

O processo de secagem é levado a cabo da seguinte forma:

Da mesma forma, é realizado o aquecimento da linha de secagem

Depois são iniciados os trabalhos para as seguintes operações:

- início da forçagem e exaustão dos ventiladores;

- alimentação de stress em módulos e sistema de aquecimento do fundo da PSCEA;

- abertura dos portões do bunker de alimentação;

- rosca transportadora de carregamento com material durante 15 segundos;

- a marcha atrás dos módulos da PSCEA e o movimento do material em direcção oposta;

- repetição do ciclo que contém o movimento recto do transportador de parafuso de inversão do movimento oposto do transportador de parafuso;

- controlo da humidade final do material na zona de tubagem do ramo de carga da PSCEA.

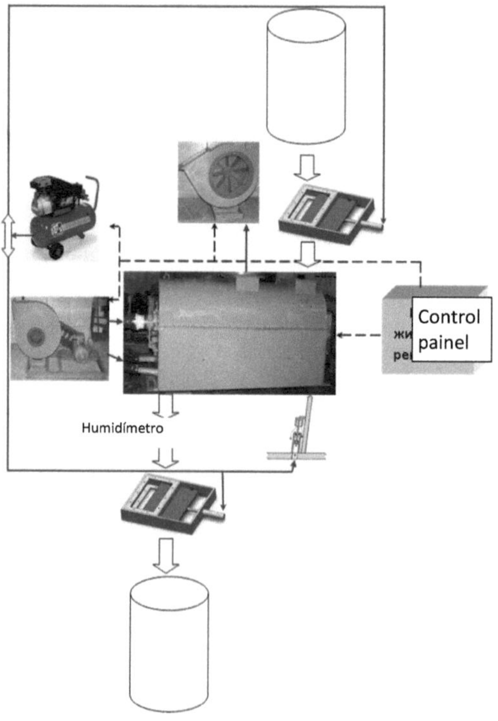

Fig. 4.14 - Diagramas condicionais e de fluxo de processo da linha de secagem para o processamento de materiais a granel

Na PSCEA os princípios da modulação por impulsos de fase são aplicados no fornecimento de energia da unidade electromecânica polifuncional. Na fig. 4.15 é mostrado o circuito eléctrico funcional do modelo industrial do complexo de secagem. Os seus principais dispositivos são: tensão trifásica do comutador 380B, CTPV 50Hz, um elemento de aquecimento HE comutador CHE, um fio aéreo com ventilador, um comutador trifásico do tiristor TPTC, sensor de corrente trifásica TPCS, transportador de parafuso PEMA com câmara de secagem SC, mecanismo de carga pneumática da câmara de secagem ML, mecanismo de descarga pneumática da câmara MD de secagem, sistema de controlo UM com fonte de alimentação executiva, visor DS e teclado KB.

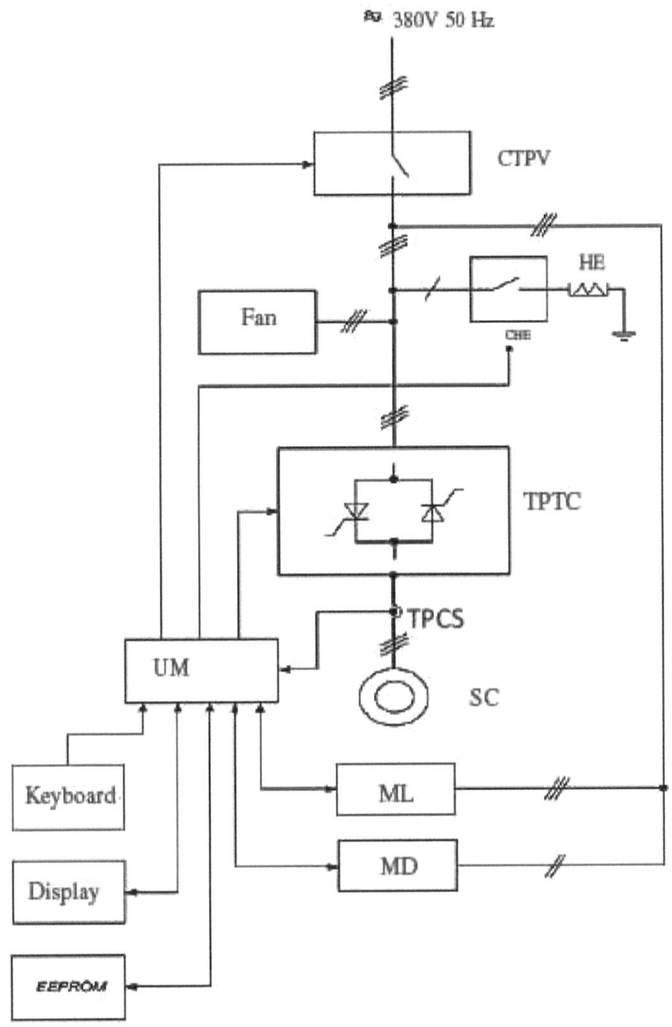

Fig.4.15 Circuito eléctrico funcional de complexo de secagem com sistemas pneumáticos de carga/descarga

O sistema de controlo do complexo é realizado com base no microcontrolador especializado MCF5272 Coldfire. SU gera sinais para os seguintes dispositivos: CTPV, CHE, PTC, MZ, MG. A base da construção do

SU é o princípio do controlo finito, implementado em modo de RTC em tempo real. A estrutura do TTK inclui dois módulos de tiristores, que executam respectivamente as seguintes funções: a inversão simultânea (por condições de processamento tecnológico de material disperso) de engrenagens do motor e módulos de travagem do PSCA; a geração de alimentação periódica de tensão senoidal de segmento para condições de manutenção de dada pelo modo tecnológico de velocidade do rotor-transportador de parafuso.

Na fig. 4.16, 4.17 são dados respectivamente o sistema de controlo e o fornecimento de energia da unidade combinada para dispersão, secagem e descarga aerodinâmica de materiais a granel, e fragmento do sistema de transporte em modo pseudomais fino de material a granel com função de secagem do material.

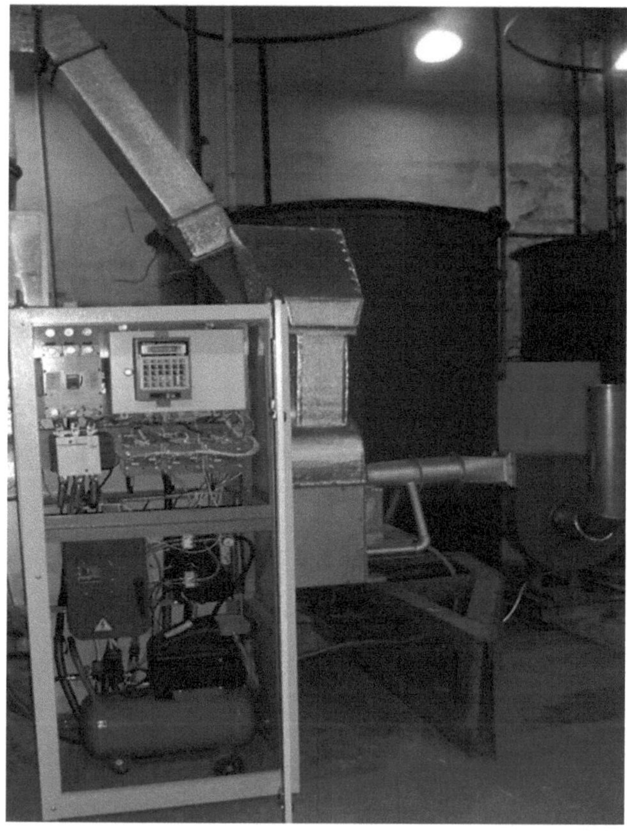

Fig. 4.16. Sistema de controlo e alimentação eléctrica da unidade combinada
para dispersão, secagem e descarga aerodinâmica de material a granel

Fig. 4.17. Fragmentos do sistema de transporte em modo pseudo fino material a
granel com função de secagem do material

Na figura 4.18 é mostrado o oscilograma do actual módulo motor (MM)
para um dos fragmentos do ciclo de processamento de pó de serra para posterior
preparação do pellet. No diagrama também são mostrados sinais do sensor de
velocidade de rotação do transportador de rotor- parafuso

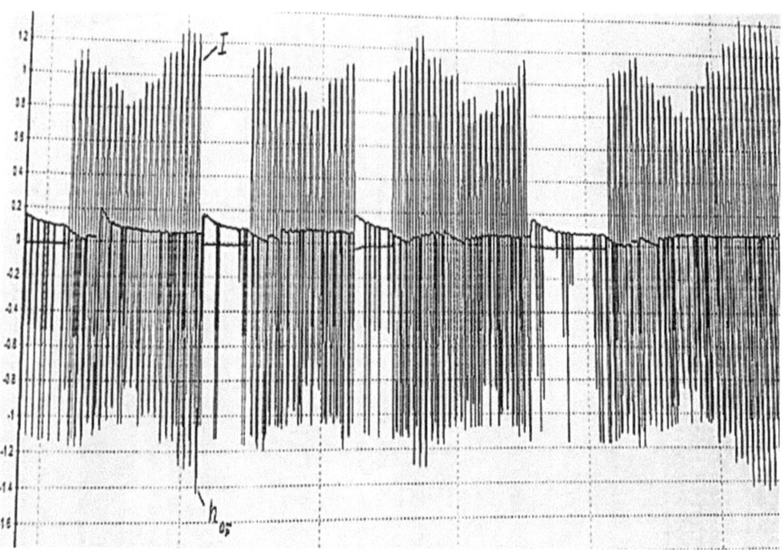

Fig. 4.18 - A natureza da mudança de corrente linear de MM no ciclo de inversão de marcha atrás do processamento de material disperso (secagem, dispersão e carga/descarga pneumática (descarga))

Quatro períodos de carregamento, entre os quais se realiza a inversão de marcha, correspondem às seguintes operações tecnológicas: movimento de retorno do transportador de parafuso carregado - o movimento directo - o movimento de retorno - descarga de material seco com carregamento simultâneo de nova porção de material húmido. O aumento da corrente no final de cada período de carregamento está ligado à selagem do material na parte final do transportador de parafuso de rotor.

136

REFERÊNCIAS

1. Hapaniuk O.Y., Melnyk V.V. As formas de reduzir a eficiência energética das empresas de moagem de farinha (processamento de cereais) // Armazenamento e processamento de cereais. - – 2001. - № 2. – P. 59-60.

2. Redução do consumo de energia das unidades de transporte pneumático do moinho //N.P.Volodyn, A. Y. Kryvosheyn M. H. Kastornuh, A.V. Tantlevskyi. - – M.; 1978. - – 224 p.

3. PTUSHKYN V. V. Base de automatização e tecnologia informática para o sistema de produtos de cereais. - – M.: KOLOS, 1989. - – 170 p.

4. Moskalenko A. Y. Novo na automatização de empresas de moagem de farinha (de processamento de cereais). - M.: Informelectro, 1974. - – 25 p.

5. Stoess H.A. Pneumatic Pipelines // Journal of Pipelines 1981, v. 1, p. 3 - 10.

6. Tubexpress desenvolveu um novo conceito em transporte de sólidos // Pipe Line News. - – 1972. - Vol. 19. № 161 – P. 117 – 119.

7. Corobov M.M. Kondakov V.N. Transporte pneumático-hidro- e aerossóis em empresas industriais. - Kiev: Tekhnica, 1967. - – 318 p.

8. Huschyn V.M. Transporte pneumático de materiais soltos de alta eficiência // Trabalhos de conferência científica - técnica internacional. "Técnicas e tecnologias progressivas de engenharia mecânica, fabrico de instrumentos e produção de soldadura". - Volume 3 K.: NTTU "KPI". - – 1998. - – p.268 – 271.

9. Forno P. Transporte pneumático // I. Fluid Mech - 1969 № 2

10. Ttransport des sacs postaux a laide de tudes pneumatques // Manutention - 1969 - Vol 19, № 161 - P. 117 – 119.

11. Wasp E. Estado da arte em Tubo sólido - revestimento // Tubo - Linha - Eng., 1969 - № 12

12. Levynson V.N. Dispositivos de transporte de acção incessante - M.: Mashhyz, 1960. - – 364 p.

13. Y. Transporte Pneumático Urbano: Trans. do Checo. - M.: Mechanical engineering, 1967. - – 256 p.

14. Zenkov R.L., Ivanov I.I., Kolobov L.N. Máquinas de transporte incessante - M.: Mechynostroenyie, 1987 - 432 p.

15. Spyvakovskyi A.O., Diachkov V.K. Transporting machines - M.: Mechynostroenyie,1983 - 487 p.

16. Zuiev F. H. Transporte pneumático em empresas de moagem de farinha (de processamento de cereais). - M.: Kolos, 1976. - – 344 p.

17. Ptuschkyn A.T. Automatização do processo de produção no ramo de armazenagem e processamento de cereais - M..: Kolos 1979

18. Bezruchkin I.P. Investigação das propriedades aerodinâmicas dos grãos através do método de queda livre no ambiente aéreo // Máquinas agrícolas. - – 1936 № 1 – p. 22 – 31

19. Bezruchkin I.P. Investigação das propriedades aerodinâmicas dos grãos através do método de queda livre no ambiente aéreo // Máquinas agrícolas. - – 1936 № 3 – p. 16 – 22

20. Bezruchkin I.P. Investigação das propriedades aerodinâmicas dos grãos através do método de queda livre no ambiente aéreo // Máquinas agrícolas. - – 1936 № 11 – p. 4 – 11

21. Blaess V. Stromung in Rohren die Bereihnung Weitversweister, Leitungen und Kanale. - Berlim, 1911

22. Brener. Contribuições para o conhecimento do processo de triagem no avistamento do milho-semente por correntes de vento. Veicht - Verlung. - Berlim, 1928/

23. Kemmer A.S. Transporte pneumático de produtos de cereais em tubos horizontais: Dissertação candidata de técnico. Ciências - Odessa, 1961 - 179 p.

24. Uspenskyi V.A. Transporte pneumático - Sverdlovsk. Metalurhyzdat, 1959 - 231 p.

25. Hastershtadt I. Transporte pneumático - M.: uz- vo sev. - Zap. Região Prombiuro VSNH, 1927 - 252 p.

26. Horbys Z. R. Troca de calor e hidrodinâmica de fluxos abertos dispersivos - Pub. 2- d, pro. e sup. - – M.: Enerhyia 1970 - 423 p.

27. Butakov S.E. Aerodinâmica do sistema de ventilação industrial - M.: Profyzdat, 1949 - 271 p.

28. Heneon W.S. Plart Antigo Processo de Ventilação //The Jundastial Press - 1955 - № 4 - p. 40.

29. Lohachev I.I. Pesquisas de aspiração de sobrecarga de materiais combustíveis: Resumo dos autores. Dissertação ....candidato a ciencia técnica - Kiev 1971 - 13 p.

30. Platonov P.N. Investigação experimental de fluxos de cereais em condutas de fluxo gravitacional: Autores candidatos ao resumo da ciência técnica - Odessa 1946 - 19 p.

31. Serenko A. V. Redução de pó nos complexos de superfície dos componentes do potássio - Kiev: Obshchestvo "Znanye", 1975 - 135 p.

32. Kamishenko M. P.: Descontaminação de locais de sobrecarga de materiais soltos no triturador в - secções de transporte - M.: Profyzdat 1955 - 112 p.

33. Veisman M. P. Unidades de ventilação e transporte pneumático - M..: Kolos, 1984

34. Ptushkin A. T. Automatização do processo de produção no ramo de armazenagem e processamento de cereais - M..: Kolos 1975

35. Moskalenko A. I. Novo na automatização de empresas de processamento de cereais - M..: Kolos, 1974. - – 183 p.

36. Ptushkin A. T., Novytskyi O. A. Automatização do processo de produção no ramo de armazenamento e processamento de cereais. –M.: Ahropromyzdat, 1985. –318p.

37.Fedorenko V. S. Automatização do processo tecnológico das instalações de moagem de farinha. - – M.: KOLOS, 1990 - 289 p.

38 Mysarenko H. A. Base de automatização do processo tecnológico de processamento e armazenagem de cereais... M.: Kolos, 1971. - – 161 p.

39 O método de controlo pelo processo de carregamento da conduta principal do tipo de aspiração do sistema de transporte pneumático : A. s. 1178667

SSSR. MKI V 65 G 53/14, V. A. Zarnitsyn, A. D. Popov и B. L. Chublov (SSSP) №3651644 St. 11.07.83; Pub. 15.09.85 Bul №34 - 2p.

40   O método de controlo por unidade de aspiração: A. S. 1627477 SSSR. MKI V 65 G 53/66, S. V. Zhykh и H. F. Kosoryz (SSSR) № 4300050; St. 10.07.87; Pub. 15.02.91 Bul. №6 – 2p.

41   Korchemnyi M. O., Fedoreiko V. S., Sladyk V. I. Poupança de energia no complexo agrícola: Problemas e soluções // Trabalhos da academia agrotécnica do estado de Tauride. -Melitopol: TDTA, 2000. –p.8-18.

42   Braslavskyi I. Y. Ziuev A. M. Regulação da velocidade do accionamento eléctrico assíncrono do tiristor com controlo paramétrico // Electrychestvo. –1985. –№1. –p.26-32.

43   Braslavskyi I. Y. O Possibilidades de poupança de energia na utilização de accionamento eléctrico assíncrono regulado. //Electrotechnyka. –1998. – №8. –p.2-5.

44   Verbovoi P. F., Voitekh A. A., Lesyk N. E. Perspectivas de utilização de accionamento eléctrico regulado por esquema TRA-AD // Accionamentos eléctricos de corrente alternada com conversor semicondutor. - Sverdlovsk: Reg. Coun NTO, 1983. –p.14-15.

45   Hayntsev Y. V. Motoristas eléctricos de corrente alternada com economia de energia nos EUA // Aumento das características energéticas e redução do consumo de materiais motores assíncronos de baixa tensão - Vladimir: NHIPTIEM, 1983. –p.11-12.

46   Hrabovskyi H. H. H. Poupança de energia na base da frequência regulada de corrente alternada // Automatização do processo de produção. –1998. –№1-2. –P.6-12.

47   Musyn A. M. Teoria e métodos de cálculo e verificação de accionamentos eléctricos de máquinas agrícolas com carregamento aleatório: resumo do autor. diss. doc. ciências técnicas: 056.20.02/ MMISP. –M., 1973. –58c.

48   Lorenz L. Trends Power Integration // Proceedings PCIM'97. Hong Kong. Outubro, 1997. –P 1010-1019.

49 Pollack Jerri J. Selecção de accionamentos motorizados de velocidade ajustável eléctrico//I e CS: Ind e Contrl de processo. Mag. –1986. -Vol.59, №11. –P.43-46.

50 Datskovskyi L.H., Rohvoi V.I., Abramov B.I., Motsokhein B.I. Estado moderno e tendência em accionamento eléctrico assíncrono regulado por frequência // Electrotekhnika. –1996. –№10. –C.18-27.

51 Braslavskyi I.Y. e oth. Acionamento elétrico assíncrono com conversores de tensão de tiristores (estado moderno de desenvolvimento // Electrotekh. prom. Ser. 08, Accionamento eléctrico. Obzor. Informar. –1989. –№. 24. – p.1-54.

52 Bondanti A. Método de controlo de fluxo em motores de indução accionados por frequência variável, fontes de tensão variável // Proc. IEE IAS Int. Semicond. Conv. de potência. Conf., 1977. –P.177.

53 Blaschke F. O princípio da orientação de campo a base para o controlo transversal das máquinas de campo rotativo // Siemens-Zeitschrift. -1971. vol.45, h.10. -S.761-764.

54 Hasse K. Sobre a dinâmica de accionamentos controlados por velocidade com máquinas assíncronas com gaiola de esquilo com conversor de frequência. -Diss. TH. -Darmstadt. 1969.

55 Nabae A. a.o. Uma abordagem ao controlo de fluxo de motores de indução operados com alimentação de frequência variável / A. Nabae, K. Otsuka, H.Uchino e R.Kurosawa // IEEE Trans. Ind. Appl. , 1980. –P.342.

56 Gabriel R. e Leonhard W. Controlo por microprocessador do motor de nidução. // Proc. IEEE Int. Semicond. Power Conv. Conf. , 1982. –P. 385.

57 Martinenko Y. F., Chebotarev O. N. Projecção de plantas de moagem de farinha e granulados com base no SAPR. - – M.

58 Kulak V. H., Maksymchuk B. M. Tecnologia de produção de farinha. - – M.: Ahropromuzdat, 1991. - – 224 p.

59 Ehorov H. A. Melnykov E. M., Maksymchuk B. M. Tecnologia de farinha, triturados e forragens mistas. - M.: Kolos, 1984 - 376 p.

60 Volodyn N.P., Kastornii M.H., Kryvoshyn A.I. Livro de referência das unidades de aspiração e transporte pneumático. M.: Kolos, 1984. - – 288 p.

61 Unidades de ventilação com empresas de processamento de energia /Panchenko A.V., Dziadzyo A.M., Kemmer A.S. e oth. - M.: Kolos, 1974, - 400 p.

62 Vaisman M.R., Hrubyian I.Y. As unidades de ventilação e transporte pneumático. - M.: Kolos, 1984.

63 Guia para a projecção de aspiração de moinhos, plantas forrageiras mistas e fábricas de transformação de milho. - – M.: CNII promzernoproect, 1971. - – 89 p.

64 Regras de organização e condução do processo tecnológico nas fábricas de moagem de farinha. - K.: Kiev instituto dos produtos de cereais, 1998. - – 145 p.

65 Dmytruk E.A., Volodyn N.P. Aspiração de plantas forrageiras mistas. - M.: Kolos, 1976. - – 175 p.

66 Panchenko A.V. Instalação de ventilação de elevadores, moinhos, plantas forrageiras granulares e mistas. - – M.: Zahotyzdat, 1954. - – 173 p.

67 Dziadzyo A.M., Kemmer A.S. Transporte pneumático de empresas de processamento de cereais. M.: Kolos, 1967. - – 250

68 Alyev T.A. Análise experimental. - M.: Mashynostroeinye, 1991. - – 272 p.

69 Krynetskyi I.I. Bases da investigação científica - K.: High school, 1981. - – 210 p.

70 Sudenko V.M., Hrushko I.M. Bases de investigação científica. - Kharkov, Escola Secundária, 1977. - – 200 p.

71 Belykov V.H., Ponomarev V.D., Kokovkyn- Shcherbakov N.I. Aplicação do planeamento matemático e processamento dos resultados da experiência em farmácia. - M.: Medicine, 1973. - – 232 p.

72 Denyel N. Aplicação de estatísticas na experiência industrial. - M.: Myr, 1979. - – 299 p.

73 Korshunov B.P. Y.M. Bases matemáticas da cibernética. - M.: Energia, 1980. - – 422 p.

74 Teoria e tecnologia do calor e da experiência física /Y.F. Chertishev e outros. - M.: Enerhoatomyzdat, 1985. - – 240 p.

75 Nalymov V.V. Theory of experiment - M.: Science, 1965. - – 242 p.

76 Ptushkin A. Shtytelman B., Husev P. Mathematical model dynamics of the process of the pneumatic transport.

77 Livro de referência de transporte e carregamento - máquinas de descarga/ F.H. Zuev, N.A. Lotkov, A.I. Polukhyn, A.V. Tantlevskyi - M.: Kolos, 1983. - – 319 p.

78 Rohoza M. V. Criação de sistemas de regulação automática por parâmetros de accionamentos eléctricos de turbo- mecanismos de minas a fornecer a partir de fonte autónoma // Electrodinâmica técnica. - – 2001. - – P. 42 – 44

79 Korchemnyi M.O., Klendiy P.B. Investigação e análise das características energéticas das empresas de moagem de farinha// Electrificação e automatização da agricultura № 3(4) 2003 P 38 - 43.

80 Korchemnyi M.O., Fedoreiko V.S., Klendiy P.B. Pesquisas de dinâmica do processo de transporte pneumático de grãos e produtos da sua moagem // Electrificação e automatização da agricultura   № 2(7) 2004. P 69 – 74.

81 Petrushyn V.S. Características reguladoras do AM em frequência de accionamento eléctrico nas leis de controlo que fornecem ligações de fluxo constante //Electrotehnica e electromanica № 2 2002. P 53 - 55

82 Hultiaiev A.K. Modelação imitacional em ambiente Windows. Livro-texto prático - SPB. Korona print, 1999. - – 288 p.

83 Herman-Halkin S. H. Modelação por computador de sistemas semicondutores em MATLAB 6.0. -СПб..: Korona print, 2001. –320p.

84 Pat. 60176A Ucrânia, MKI 7F01D17/24. A forma de controlo por parâmetros tecnológicos de turbo-mecanismos: Pat. 60176A Ucrânia, MKI 7F01D17/24 M. O. Korchemnyi, V. S. Fedoreiko, V. Z. Poniatyshyn, P. B. Klendiy, O. V. Nesterenko, M. I. Rutylo (Ucrânia); заявл.21.02.2003; Publ. 15.09.2003, Bul.№9. –2p.

85 Klendiy P. Sistemas de poupança de energia de transporte pneumático dos produtos das empresas de moagem de farinha// Anunciante da Universidade Técnica Estatal de Ternopol № 2 2005. P 100 – 105.

86 Ivanov-Smolenskyi A.V. Máquinas eléctricas: Livro-texto. -M.:   Energia, 1980. –928p.

87 Teoria Geral Postnykov I.M. e processo transitório das máquinas eléctricas: Livro-texto. -K.: Technica, 1966. –436p.

88 Korchemnyi M.O. Pesquisas de accionamento eléctrico assíncrono com a ajuda de modelação matemática // Mecanização e electrificação da agricultura. -K.: Urozhay, 1971. –P.67-76.

89 Heumann K. Trends in semiconductor devises and impact on power electronics and electric drives // Conferência Internacional "Power electronics motion control". Publicação da Conferência. –1994. -Vol.2. - P.1288-1299.

90 C. Ilas, A. Bettini, L. Ferraris, G. Griva, F. Pronfumo. Comparison of Difftrent Sheves without Shaft Sensor for Field Oriented Control Drives, IEEE,   1994. –P.891-925.

91 R. Jonsson, W. Leonhard. Control of an Induction Motor without mechanical Sensor, based on the Principle of ' Natural Field Orientation' (NFO), IPEC, Yokohama, 1995. –356p.

92 T. Du, P. Vas, A.F. Stronach. Aplicação de Filtros Kalman e Observadores de Lucuberger Estendidos em Unidades Motoras de Indução, Intelligent Motion Poc. , 1994. –P. 789-845.

93 . Kanmachi, Y.Takahachi. Sensor-Less Speed Control of an Induction Motor, IEEE Industry Applications, 1995. –P. 447-458.

94 Baliuta S.M. Métodos de determinação do vector de fluxo magnético e rotação sem controlo do sensor vectorial por accionamento eléctrico assíncrono // Automatização do processo industrial. –2003. –№1 (16). – P.47-54.

95 Baliuta S.M., Vasichkin V.I., Burliai Y. I. O princípio do controlo por accionamento eléctrico assíncrono regulado por frequência // Automatização do processo industrial. –2002. –№2. –P.39-47.

96 Bohaienko I.M., Baliuta S.M. Sistema de controlo por accionamento eléctrico assíncrono com controlo vectorial por fluxo magnético do rotor sem utilização de sensor de frequência de rotação // Mecânica e engenharia de máquinas. –2003. –№1. –P.85-92.

97 Livro de referência para as máquinas eléctricas: V 2 t./ Sob o gen. r. I.P. Kopilova e B.K. Klokova. T. 1. - M.: Enerhoatomyzdat, 1988. - – 456 p.

98 Conversores de frequência da série3G3HV. Manual do utilizador. - Mn. 1999. - – 163p.

99 Livro de referência do electricista rural /V. S. Oliinyk, V.M. Haiduk, V.F. Honchar e outros .; Por r. V.S. Oliynik - 3 - є... Processado e concluído. - K.: Urozhay, 1989 - 264 p.

100 Livro de referência para as máquinas eléctricas: B 2 т./ Sob o gen. r. I.P. Kopilova e B.K. Klokova. T. 2 - M.: Enerhoatomyzdat, 1989. - – 688 p.

101 Fedoreiko V.S. Regulado como o dispositivo de poupança de energia //Anunciador da Universidade Técnica Estadual de Ternopol. –2002. –T.7, №3. –P.48-52.

102 . Klendiy P. B., Klendiy G. Y.,Ramsh V. U.,Rusyniak M. O. Modelação por computador do accionamento eléctrico regulado por frequência da instalação de transporte pneumático da moagem da farinha // Revista científica NULaES Ucrânia. №2 2013 – P. 49-54

103 Klendiy P. B., Katiusha A. A., Klendiy G. Y. Argumentação da lei de controlo por accionamento eléctrico regulado por frequência da instalação de ventilação do sistema pneumático // Trabalhos do Tavriyskiy state Agrotechnical College. - Edição. 13. T. 2 - Melotopol: TSATC, 2013. - – P.56 - 63.

104 . Klendiy P. B., V. U. Ramsh, G. Y. Klendiy, O. P. Dudar. Modelação por computador dos modos de funcionamento dos sistemas de transporte pneumático //: Anunciador científico da Universidade Nacional da Vida e Ciência Ambiental da Ucrânia Series: Tecnologia e energia em APC". - 2014. - Edição. 194, p. 1 - P. 43-50

105 Klendiy P. B., Klendiy G. Y. Klendiy O. P. Researches of energetics of regulate electric drive of the ventilation installation of pneummatic net of the mill in PPP"Mat lab"// Scientific Announcer of the National University of Life and Environmental Science of Ukraine № 256 Series "Technology and energetics in APC" 2016p. NULAS Ucrânia, t. Kiev - 256 p., p. 139-146

106. Zablodsky M. M. Aplicação de controlo de quase-frequência em duas unidades de alta velocidade: Manuscrito / M. M. Zablodsky, IA Zodik, K. V. Hudobin - LAP LAMBERT Academic Publishing, Deutschland, 2017 - 233p.

107. Zablodsky MM. Unidades multifuncionais eléctricas em tecnologias de processamento de substâncias dispersas: Manuscrito / M.M.Zablodsky, V.E.Plyugin, V.Yu. Gritsyuk - K: CP Comprint, 2017 - 316p.

108. Zablodsky MM, Klandij PB, Kolodiychuk LS, Klandij G.Ya. Simulação por computador da dinâmica de um accionamento eléctrico regulado de uma unidade de bomba de água com um controlador PI. Revista profissional electrónica "Energia e Automação", Kyiv - №5-2018. Pp. 23-33. Modo de acesso: http: //journals.nubip.edu.ua/index.php/Energiya/article/view/126851.

ADITIONS

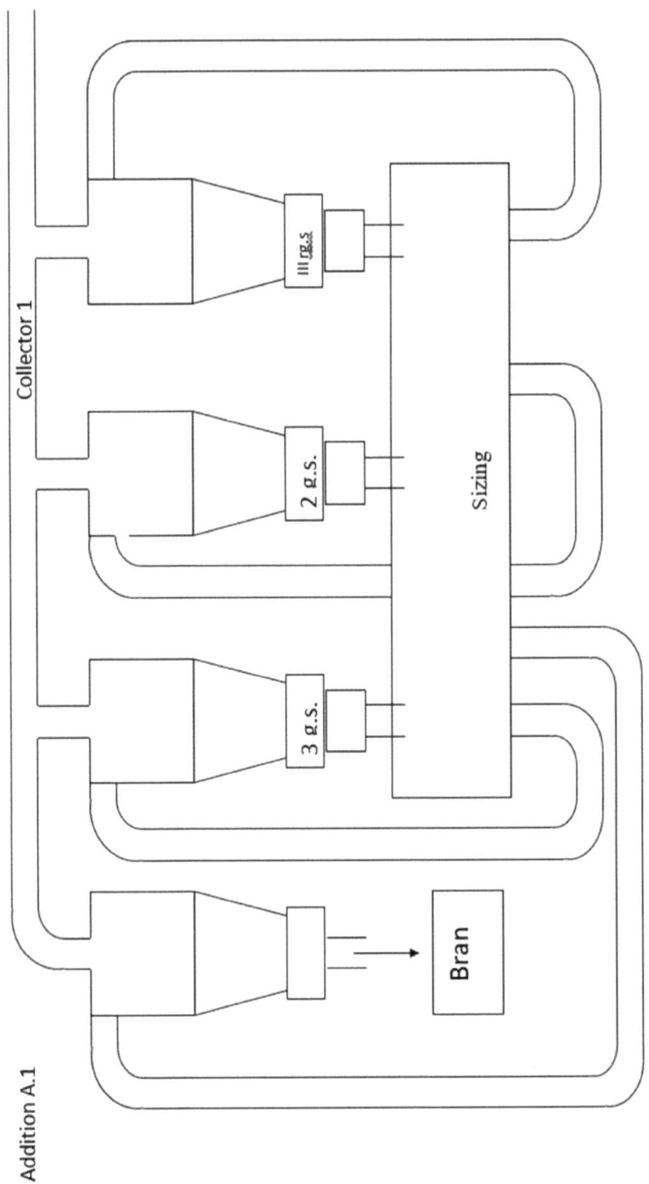

The scheme of pneumatic transportation of products of grinding grain

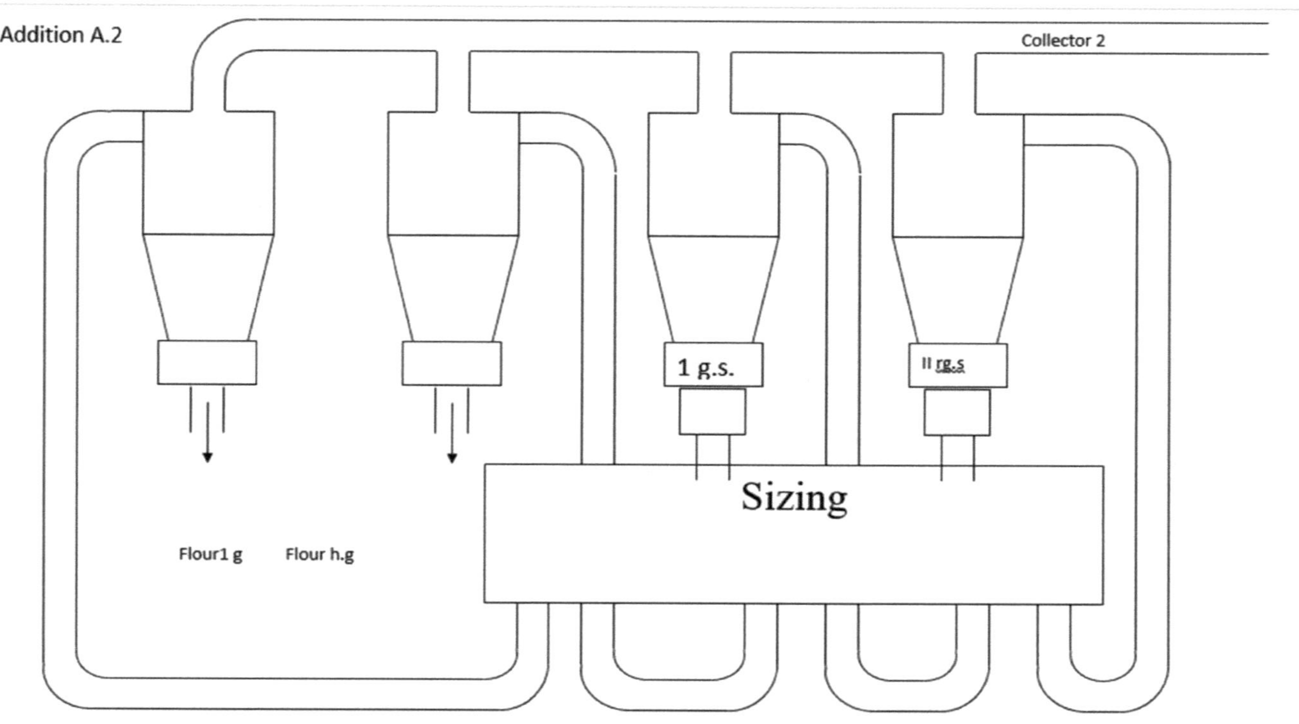

The scheme of pneumatic transportation of products of grinding of grain

Addition A.3

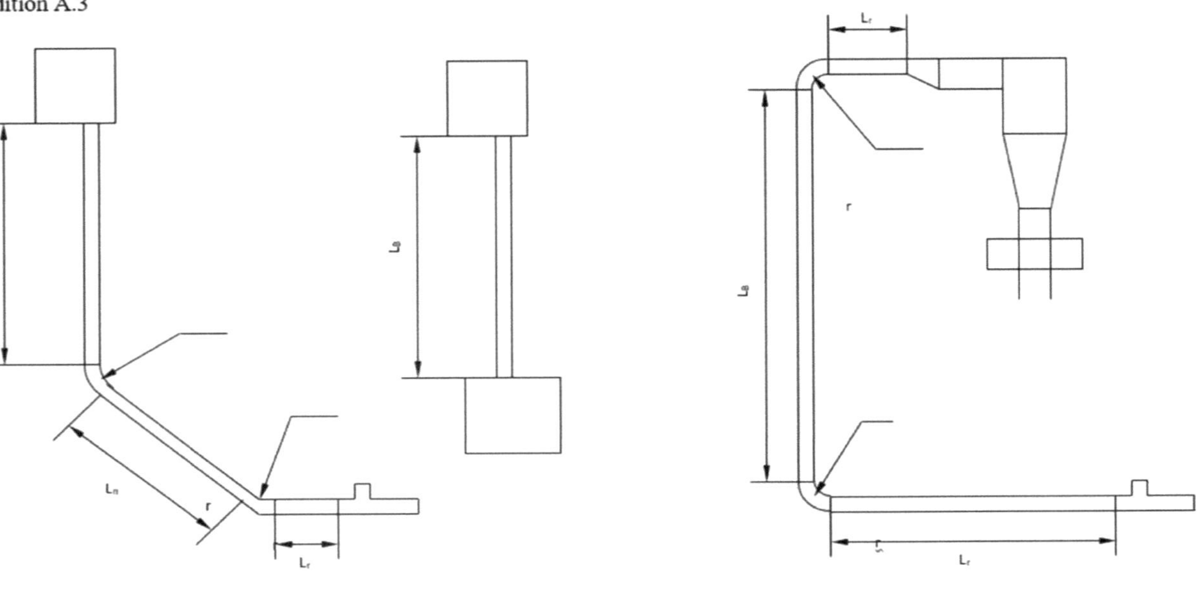

Pneumatic conveyors: a - № 10 (bunker of grain), б - № 9, 11 (cleaner machines), в - № 1, 2, 3, 4, 5, 6, 7, 8

(sizing I, II i III rg. s; 1, 2, 3 g. s.)

Addition A.4

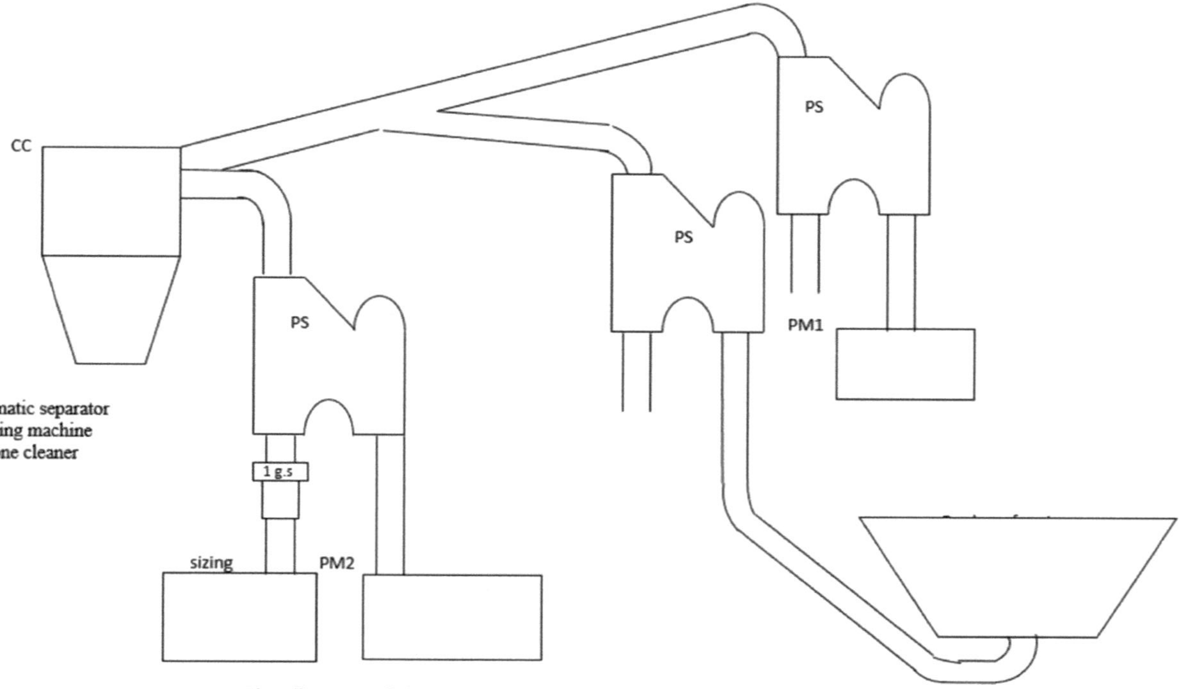

PS-pneumatic separator
PM-padding machine
CC-cyclone cleaner

The diagram of the system of pneumatic transportation of grain

Dados técnicos das condutas de material da rede de transporte pneumático

№ material pipeline	Sistema	Diâmetro interno da tubagem de material, m	O comprimento de gasoduto de material, м	Ângulo central de mudança de transporte em grau
1	2	3	4	5
1	Farinha de transporte pneumático h. g. Lote horizontal Traçado vertical	56 56	0.65 2.9	90 90
2	Farinha de transporte pneumático 1 g. Lote horizontal Traçado vertical	56 56	0.25 2.9	90 90
3	Transportador pneumático de resíduos Lote horizontal Traçado vertical	56 56	0.25 2.9	90 90
4	Farinha de transporte pneumático, 3 - sistema de moagem. Lote horizontal Traçado vertical	56 56	1 2.9	90 90
5	Farinha de transporte pneumático, 2 - sistema de moagem. Lote horizontal Traçado vertical	56 56	1.2 2.9	90 90
6	Farinha de transporte pneumático, 3 - sistema ragged. Lote horizontal Traçado vertical	76 76	0.9 2.9	90 90
7	Farinha de transporte pneumático, 1 - sistema de moagem. Lote horizontal Traçado vertical	76 76	1.3 2.9	90 90
8	Farinha de transporte pneumático, 2 - sistema ragged. Lote horizontal Traçado vertical	76 76	0.9 2.9	90 90
9	Farinha de transporte pneumático, 1 - sistema ragged.	72	2.7	-

	Traçado vertical			
10	Máquina de limpeza pneumática do transportador. Lote horizontal terreno inclinado	72 72	2.6 3.8	130 120
11	Transportador pneumático de alimentador de minhocas Traçado vertical	72	2.8	-

Addition   A6

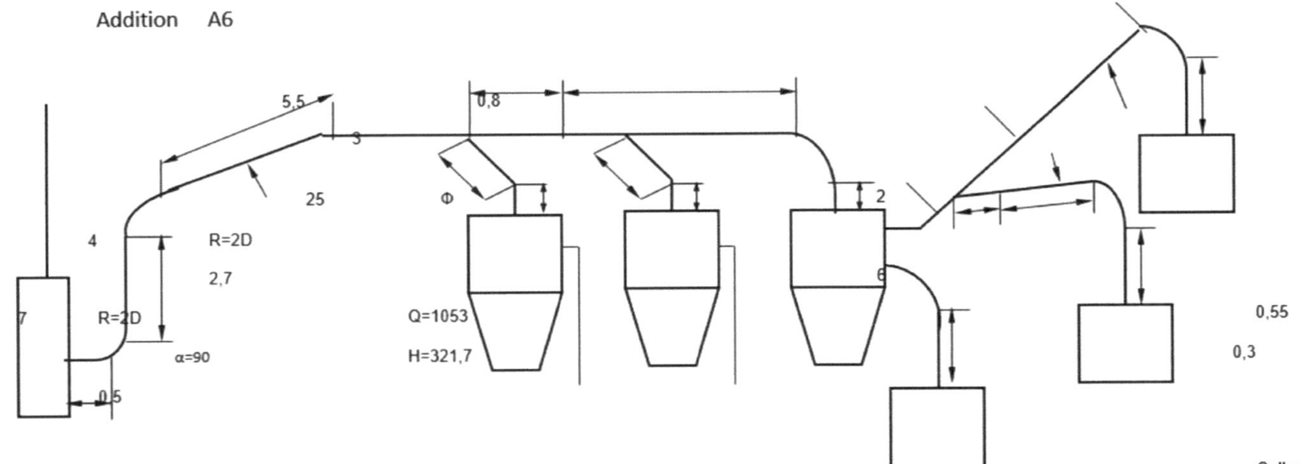

The diagram of ventilation net 1,2,3 – pneumatic separators BPS; 4,5,6 – cyclones-cleaners; 7 – fan;

Adição A7

Cálculo da adequação do modelo matemático de determinação da perda de pressão na tubagem do material pelos critérios da Fisher's

Y_i	Y_{pi}	$(Y_i - Y_{pi})^2$	$(Y_i - \overline{Y})^2$	$S_n = \sqrt{\dfrac{(Y_i - \overline{Y})^2}{n-1}}$	$\dfrac{S_n^2}{n}$
38	40	4	2294,4	18,1	40,9
48	51	9	1436,4	14,3	25,6
62	64	4	571,2	9,03	10,2
78	83	25	62,4	2,98	1,11
95	98	9	82,8	3,44	1,48
112	109	9	580,8	9,1	10,4
125	123	4	1528,8	14,8	27,4
135	132	9	2034	17,05	36,34
687		73	8590,81		153,43
85,9					

$$S_{a\partial}^2 = \frac{73}{8-3-1} = 18,25$$

$$F_{e\kappa c} = \frac{18,25}{153,43} = 0,12$$

I want morebooks!

Buy your books fast and straightforward online - at one of world's fastest growing online book stores! Environmentally sound due to Print-on-Demand technologies.

Buy your books online at
www.morebooks.shop

Compre os seus livros mais rápido e diretamente na internet, em uma das livrarias on-line com o maior crescimento no mundo! Produção que protege o meio ambiente através das tecnologias de impressão sob demanda.

Compre os seus livros on-line em
www.morebooks.shop

KS OmniScriptum Publishing
Brivibas gatve 197
LV-1039 Riga, Latvia
Telefax: +371 686 204 55

info@omniscriptum.com
www.omniscriptum.com

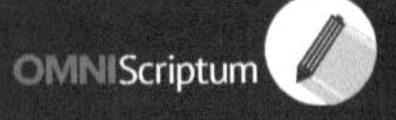